DESSERT QUEEN

甜點女王

50道不失敗的甜點秘笈

作者 賴曉梅 / 攝影 楊志雄

外交官,就像遊牧民族般的不斷遷徙。由於長時間的缺席,往往更容易的覺察到家鄉的變化。這次返國定居,猛然發現,街上的烘焙坊,如雨後春筍般的攻佔了台灣的大街小巷。除了令旅外僑民朝思暮想的甜麵包外,各式令人垂涎的甜點,就像烘焙師父的藝術創作,極盡挑逗著過往行人的視覺、嗅覺與味覺,成為台灣市區中最特殊的景觀之一,給大夥帶來了殘酷的身心挑戰;也讓訪問的薩爾瓦多第一夫人驚艷不已、讚不絕口!

在這兒,甜點是飯後的開心果;在歐美地區的家宴中,甜點卻是整晚的高潮,等的就是這一刻。猶記得約三十年前第一次應邀到英籍友人家中作客時,依序湯、沙拉、主菜上完,端上來的竟是花了三天才備齊的三道風味各不相同的甜點!爾後才瞭解,甜點是女主人表達待客熱忱的語言。近年,甜點依舊是歐美朋友家宴中的重頭戲,雖然自然、健康主義抬頭;濃郁的派、塔類外加濃醇的鮮奶油逐漸有被慕斯、提拉米蘇、甚或水果沙拉取代的趨勢,但其投資在準備甜點的時間與精力上,依舊令人動容。

賴曉梅,從 16 歲開始學烘焙,就鍾情西點。近年征戰國際各項比賽,多有斬獲;除了在 2009 年泰國之亞洲盃大賽拿到現場甜點的最高分,在 2012 年又在新加坡的御廚大賽拿到金牌。更難能可貴的是,在 2010、2011 年的台北賓館舉行的國慶酒會上,精心製作她最拿手的馬卡龍,送給與會的外賓與總統,廣獲好評。不僅展現個人廚藝,更讓國際友人經驗了台灣人的努力與友善。

這本食譜不僅圖片精美且文字精簡,讀來賞心悅目、一目了然。內容依序從基本常識到美觀討喜的馬卡龍、慕斯,分門別類、循序漸進,有條有理;讓原本複雜的製作程序,變的簡單明白,讓製作甜點不再是個害怕失敗、飽受挫折的噩夢。讀者只要按圖索驥,不僅可以學會點心的製作,更可透過曉梅詳盡的示範,依樣畫葫蘆的裝飾出美麗又誘人的點心。跟著曉梅做西點,不但給自己的家人、友人帶來驚喜,也是在繁忙的工作之餘,犒賞自己的最好減壓操,更向自己證明,甚麼都可能!

外交部禮賓處處長

石瑞琦

香港是個高度國際化的都市，尤其在餐飲這個行業，有最新的餐飲風潮，亦有古老傳統傳統的陸羽茶室，有現代化的茶餐廳，更有米其林的高級餐廳，粥、粉、麵的專賣店，到美心的麵包店都能共存。但地狹人稠，自己的空間實在太少了，能在家煲個湯都是奢侈的事，更不用想在家做甜點了。

賴曉梅師傅，16 歲就開始在台灣學手藝，不斷的學習精進，這幾年更在國際競賽上獲得大獎，如今將自己所學的經驗透過書籍介紹給大家，而這本家庭式的甜點書籍，可輕鬆的自己在家做，也是我最羨慕台灣的地方了；在西餐的飲食方式中，最後的甜點往往是一個最佳 ending。希望這本書能夠雅俗共賞，更期待美麗的賴曉梅師傅在未來能有更精采的表現。

香港廚師協會 會長

麥錦駒

首先恭喜曉梅老師出版新書！曉梅老師在學校是最受師生歡迎的老師，她擁有豐富業界經驗與教學資歷，能以卓越手藝將簡單食材創作出令人驚艷的甜點。不僅榮獲雙十國慶國宴指定甜點製作，在校內外慶祝活動，曉梅老師所製作的甜點更是會場注目之焦點。

一直以來，曉梅老師在教學上秉持以培育產業界專業技術人才為目標，她總是認真指導、傾囊相授，深受學生喜愛。在點心製作上更能精益求精，持續研發創新，不但個人在國際上屢獲大獎，也經常帶領學生參加各項國際競賽，佳績不斷。

此次藉由「甜點女王」一書，以簡單甜點的製作、認識食材的運用及特性，將專業甜點以深入淺出方式融入生活。此書內容圖文並茂、清晰易懂，讓讀者能輕鬆進入夢想中的甜點世界。藉由簡單易懂的步驟，便能輕鬆親手製作甜點，帶給家人、朋友滿滿的幸福與感動。逢新書出版之際，期盼能透過此書推廣烘焙技藝，傳承廚藝技術，嘉惠學子，孕育出更多優秀的甜點大師。

景文科技大學 校長

鄭永福

曉梅要出書了，之前與許宏寓師傅合出了一本《西餐大師——新手也能變大廚》，如今獨挑大樑，出版的是家庭與一般初學者皆可輕鬆上手的甜品、點心食譜。

曉梅在學藝的生涯中，不斷從業界實務中學習，看專業書籍、參加講座研習會，跟過那麼多的師傅，從每位師傅的身上學到不同的技術。記得在 2009 年第一次去泰國比賽，參加的項目是現場甜品比賽。我想她第一次出國比賽，又是大規模的亞洲盃賽事，一般選手應該是很緊張，等真的上場比賽時，只看到她從容不迫、不疾不徐，而場外的我們卻急死了，但她的作品卻如時完成，宣布得獎名次是「銀牌」，算是很好的成績。等到全部比賽完，她也就和大家一起去逛湄南河，沒想到在閉幕式公布甜點成績，她在所有的參賽選手裡（共有 21 個國家參賽）獲得最高分「金球獎」，等到她回飯店時告訴她這個好消息，她根本不相信，雖然高興但還是如此的淡定，這就是賴曉梅，永遠是淺淺的一笑、笑臉迎人，有技藝也謙和有禮。恭喜妳出了本實用的書！

全球餐飲發展公司 執行長

岳家青

5

「大膽提問」累積廚藝實力

在高中求學階段，我主修的是廣告設計科，和現今所從事的餐飲業沒有太大的相關性。高中畢業後就在餐飲業打工，剛進入這行時，是以學徒的身分開始磨練基本功，而當時的西點廚房也只有我一個女學徒。在那個年代，很少有女生從事內場工作，所以女孩子進這行一點都不吃香。而當時也沒有任何的餐飲學校，甚至老師傅的食譜也是憑記憶口傳，學徒必須靠強記才能學到技術；而我也分外認真學習，爭取進取機會，舉凡師傅不去的研習活動我都搶著去，希望透過不同的學習機會，增進自己的實力。

二十多年來，我參加了上千場講座，多次到國外進行短期進修，覺得讓自己進步最快的方法，就是「大膽提問」及不斷的練習與學習，唯有透過這樣的舉動，才會加強你的記憶，也利用這種學習方式，吸取別人累積下來的經驗，進而轉換成自己的資源。

這是我第一本甜點書，很開心有這個機會讓喜愛製作甜點的您一起參與我的甜點世界。同時我想告訴各位讀者們，也許你不是餐飲學校畢業，也許你沒有專業的知識，但是，只要熱衷於學習自己喜愛的事物，讓一切從零開始，相信自己，只要認真努力的學習，您也可以創造出一道道美味的甜點！

最後也要感謝，在餐飲業中願意傳授廚藝的師傅們，也因為有他們無私的奉獻，才能讓後輩們吸收前人的經驗而結合所學，創造出更多不一樣的創意甜點，也讓台灣的餐飲，在世界上持續的發光發熱。

學術經歷

2007 年　　台灣觀光學院兼任技術級專業講師

2008 年　　開南大學兼任技術級專業講師

2009 年　　桃園縣蘆竹鄉鄉民大學烘焙技術講師

2010 年至今景文科技大學專技助理教授

2011 年　　中華民國 100 年國慶酒會點心製作

　　　　　　100 年菁英盃青年廚師選拔賽實習裁判

　　　　　　擔任上海 FHC 國際烹飪藝術比賽大賽裁判

2012 年　　中華大學兼任專業技術助理教授

國內外獎項

1997 年　　榮獲全國創意薑餅屋大賽 第三名

2002 年　　榮獲中華民國觀光協會優良從業人員

2004 年　　取得丙級西點蛋糕烘焙技術證照

　　　　　　取得乙級西點蛋糕烘焙技術證照

2009 年　　第一屆泰國曼谷亞洲烹飪賽

　　　　　　創意甜品最高分——金球獎

　　　　　　現場甜點個人賽——銀牌

　　　　　　新亞洲料理團體賽——銀牌

2010 年　　當選交通部觀光局優良旅館從業人員

　　　　　　全國十大經典好米選拔評審委員

目 錄

Dessert Knowledge
甜點小常識

製作甜點入門的第一堂課，必須了解基本工具與食材的運用。
「工欲善其事，必先利其器」，想要製作出有如精品般的甜點，
就從這裡開始吧！

常用食材

1 粉類

① 高筋麵粉（高筋）
適用於麵包、吐司、泡芙、水果蛋糕。

② 低筋麵粉（低筋）
適用於餅乾、蛋糕、西點。

③ 糖粉
增加產品色澤和延緩老化。

④ 玉米粉
做蛋糕時加入少量的玉米粉，可降低麵粉的筋度，增加蛋糕鬆軟口感。

⑤ 杏仁粉
杏仁果去皮後，再磨成粉，適用於餅乾、蛋糕及馬卡龍等。

⑥ 小蘇打粉
使產品膨大，可中和酸性物，因此常用於巧克力蛋糕中，以降低可可粉的酸性。

⑦ 泡打粉
又稱發泡粉，由蘇打粉配上不同酸性鹽混合而成。加熱後會使烘焙產品體積膨脹。

⑧ 卡士達粉
為節省時間，直接加水或鮮奶調和即可使用。

抹茶粉
利用石模磨成的粉末,分子較細,可取代色素增加色澤,適合用於日式口味的甜點

可可粉
可可豆萃取後去除巧克力中的油脂,磨成粉末,適合製作巧克力蛋糕、餅乾等。

肉桂粉
香料的一種,又稱玉桂,產於東南亞,有特殊香氣。

南瓜粉
可取代色素,並增加特有之風味。

紅糖
俗稱黑糖,可增加色澤與特殊味道、香氣。

塔塔粉
酸性白色粉末,用來中和蛋白中的鹼性,能使蛋白打發時容易打出更細緻的蛋白。

2 水果＆果泥

草莓
果實略呈心型,鮮紅多汁,氣味芳香。

覆盆子
產於亞洲、歐洲,口味帶酸,極適宜溫帶地區成長,含豐富維他命礦物質。

蘋果
膳食纖維含量高，也含有大量的果膠，
適合製作果醬。

小藍莓
含有抗氧化劑及豐富的維生素 A、E，
最常用於果凍、果醬、冰淇淋的製作。

黑醋栗
維他命 C 含量高，帶苦酸味，不適宜生
吃，適合製成果泥、果醬及香甜烈酒。

栗子醬
栗子磨成泥，較常使用在蒙布朗栗子甜
點中。

杏桃
含有豐富的維他命 A、C，礦物質鈣、
磷、鐵等。

紅醋栗
原產於歐洲與亞洲的水果，圓形狀，果
實成紅色，體型小，所結果實如葡萄般
成串狀。

妃沙力
又名燈籠醋果，果實含豐富維他命 A、
B、C，礦物質鈣與鐵。

白醋栗
市面上較少見的水果，味道較酸，其用
途常用於裝飾。

黑莓
含豐富的維他命與礦物質，果仁成紅黑
色。

無花果
為桑椹科屬植物，原產於黑海與地中海間的小亞細亞一帶，其顏色為淡綠色帶黃色或紫色。

盒裝果泥
將各類水果高溫殺菌製成果泥，便於甜點製作。

3
巧克力

58% 巧克力
巧克力中的可可膏含量達到 58%，口感苦甜適中。

白巧克力
不含可可膏，所以呈現白色，只有牛奶與可可脂的成分。

可烘培巧克力豆
一種烘焙過程中不會溶化的巧克力豆，適用於美式鬆糕與餅乾中。

厄瓜多爾 55% 巧克力
可可膏含量達到 55%，口感苦甜適中。

76% 苦甜巧克力
巧克力中的可可膏含量達到 76%，口感較苦。

4 堅果類

白（黑）芝麻
學名為胡麻，別名芝麻、脂麻、油麻，
其種子含油量較高並可食用。

榛果
果皮堅硬，果仁可食，日常實用的榛子
是取自歐榛果實的果仁。

開心果
學名為阿月渾子，也稱胡榛子、無名子，
是一種常見的乾果。

杏仁
果仁中的維他命 A、C、E 含量高，具有
抗氧化的功用。

杏仁片
杏仁果去皮後切片，方便用於餅乾及派
的製作。

夏威夷豆
又稱火山豆，含不飽和脂肪酸。

核桃
又稱胡核，其脂肪和蛋白質是對大腦最
好的營養成分。

爆米花
由玉米粒或稻米爆成的零食，較常使用
在裝飾上。

5 乳製品

❶

鮮奶

增加產品香味與乳化作用。

❷

動物性鮮奶油

由全脂牛乳中脫去部分水分,將乳脂肪
提高至 35.1%,經過殺菌而成的乳製品
無甜味,適合製作慕斯與內餡。

❸

植物性鮮奶油

穩定性及打發性佳,具甜味,適合用於
蛋糕雕花裝飾。

❹

馬斯卡彭起士

義大利生產的新鮮乳酪,乳脂肪 80%,
具有清爽的甜味與奶香,是製作提拉米
蘇的必備食材。

❺

奶油起士

在新鮮牛奶中額外添加乳脂製作而成,
因乳脂含量較高,口感滑順且乳香味
非常溫和,適合製作起士蛋糕。

❻

酸奶

由動物乳汁經乳酸菌發酵而產生。

❼

法國奶油

奶油經過發酵,能延長產品保存期限,
產生良好的芳香風味,適用於常溫產
品。例:餅乾、燒菓子。

❽

奶油

新鮮牛奶經攪拌後提取全脂牛奶分離而
成。奶油約含 83% 乳脂,16% 水分。

6 酒類

❶ 白柑橘香甜酒
海地的苦橘子皮與西班牙南部
的甜柑橘結合後，再加入芳香
植物釀出獨特風味的香甜酒。

❷ 君度橙酒
屬於香甜的白橙皮酒，帶著
香橘的芳香與回甘的口感。

❸ 麥斯蘭姆酒
此酒在牙買加進行蒸餾後，再
裝桶運至英國進行長時間的釀
造，口味芬芳甘醇，適合製作
各類西點等。

❹ 柑曼宜干邑香甜酒
具有橙花、漬橘皮、香草
及焦糖等香氣，最適合用
於甜點的調味。

❺ 卡魯哇咖啡香甜酒
以天然甘蔗提煉，加入香草
及南美洲咖啡原豆磨成香料
加以調味之香甜酒。

❻ 黑醋栗酒
採用法國上等黑醋栗新
鮮果實萃取，適合果凍、
慕斯的製作。

7 其他

❶ 吉利丁片
分為動物膠與植物膠，主要功能為使食
材凝結，最常用於製作慕斯。

❷ 伯爵茶葉
英式調味茶，具有佛手柑的香味，適合
製作巧克力餡或慕斯等。

薄餅脆片

一種薄脆餅乾，使用在巧克力內餡製作，增加酥脆口感。

鹽

調味劑的一種，降低產品甜度，增加風味。

薄麵皮（Fillo 皮）

由麵粉、水和少許的鹽製成，使用於油炸類與烤焙酥脆類產品。

蛋黃

是產品製作中的乳化劑，也可增加色澤。

杏仁膏

是杏仁與糖結合成膏狀，適用於常溫蛋糕與餅乾製作。

沙拉油

由大豆提煉而成，透明無味的液態植物油，適用於戚風蛋糕及海綿蛋糕製作。

咖啡醬

將咖啡濃縮成醬，便利於製作內餡、餅乾等。

香草豆莢

產於馬達加斯加的一種香料，有特殊的香氣，適用於各種甜點中。

基本工具

❶ 鋸齒刀
利用鋸齒刀的齒狀來切割蛋糕，
讓蛋糕更平整漂亮；也可用來刮
巧克力花紋。

❷ 西餐刀
製作楓葉狀的巧克力時使
用。

❸ 抹刀
塗抹鮮奶油使其抹平表面。

❹ 剪刀
裁剪用。

❺ 慕斯框模
有正方形、長方形和圓形，
製作不同形狀的慕斯蛋
糕用。

❻ 派盤

可分為有底的耐烤淺盤、活動式和固定
式的派模，製作南瓜派與蘋果派等。

❼ 塔模

製作水果塔使用，增加外觀的變化。

❽ 香檳杯

製作具有色澤及層次的果凍、慕斯時使用。

❾ 水果條模

用於長條型水果蛋糕製作。

⑪ 橡皮刮刀

有柄的橡膠製刮刀，主要用於攪拌麵糊與刮淨鋼盆內的材料。

⑫ 平底鍋

拌炒內餡和煎薄餅使用。

⑬ 打蛋器

拌打蛋與打發材料使用，可分為手動與半自動兩種。

⑭ 擀麵棍

將麵團擀平及勻稱，成為所需的形狀；使用完要洗淨，擺在通風處以免發霉。

⑮ 矽利康片

使產品不會沾黏，耐熱且方便操作。

⑯ 半圓形刮板

攪拌麵糊及刮淨鋼盆內的麵糊。

⑰ 擠花袋、花嘴

搭配不同的花嘴可擠出不同造型的奶油霜飾。

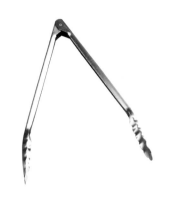

⑱ 夾子

夾取東西使用。

⑲ 溫度計

測量溫度。

⑳ 噴槍

使用於法式烤布蕾中；也可幫助慕斯框加

熱脫模用 。

㉑ 電子秤

秤量各式材料，建議使用測量較精細的電子磅

秤，使用前先歸零。

㉑ 量杯

測量容量用，以 c.c 為單位。

單位及溫度換算

固體類／油脂類

1（量）杯	＝16 大匙	＝227 公克 (g)	
1 大匙	＝15 公克 (g)		
1 小匙	＝5 公克 (g)		
1 磅 (lb)	＝454 公克 (g)	＝16 盎司 (oz)	＝約 12 兩
1 盎司	＝28.37 公克 (g)		
1 公斤 (Kg)	＝1000 公克 (g)	＝2.2 磅	
1 台斤	＝16 兩	＝600 公克 (g)	
1 兩	＝10 錢	＝37.5 公克 (g)	
1 錢	＝3.75 公克 (g)		

液體類

1（量）杯	＝16 大匙	＝240 毫升 (c.c)
1 大匙	＝15 毫升 (c.c)	
1 小匙	＝5 毫升 (c.c)	

溫度換算

1 攝氏 °C (Celsius)	＝ 33.8 華氏 °F (Fahrenheit)
	＝ 274.15 開氏 °K (Kelvin)
	＝ 493.47 列氏 °R (Rankine)
	＝ 0.8 郎肯 °r (Reaumure)

食材單位換算

奶油	1 大匙	= 13 公克 (g)
乳瑪琳	1 大匙	= 14 公克 (g)
沙拉油	1 大匙	= 14 公克 (g)
牛奶	1 大匙	= 14 公克 (g)
麵粉	1 杯	= 120 公克 (g)
	1 大匙	= 7 公克 (g)
	1 小匙	= 2.5 公克 (g)
可可粉	1 大匙	= 12.6 公克 (g)
玉米粉	1 大匙	= 12.6 公克 (g)
乾酵母	1 大匙	= 7 公克 (g)
	1 大匙	= 3 公克 (g)
發粉（泡打粉）	1 大匙	= 12 公克 (g)
	1 小匙	= 4 公克 (g)
小蘇打粉	1 小匙	= 4.7 公克 (g)
塔塔粉	1 小匙	= 3.2 公克 (g)
全蛋	1 個	= 55 公克 (g)
蛋黃	1 個	= 20 公克 (g)
細砂糖	1 杯	= 180 公克 (g)
	1 大匙	= 12 公克 (g)
	1 小匙	= 4 公克 (g)
糖粉	1 杯	= 130 公克 (g)
糖漿	1 大匙	= 21 公克 (g)
棉白糖（過篩）	1 杯	= 130 公克 (g)

吉利丁片示範教學

將吉利丁片放入裝有少許冰塊與冰水的容器中。

吉利丁片浸泡至軟化後才可使用。

待吉利丁片軟化後,即可放入需使用的食材中拌勻。

Tips
•吉利丁片放入冰水中浸泡需超過
 10 分鐘使其完全軟化,否則會使
 製作出的成品易乾硬。

花嘴示範教學

撐開擠花袋

放入花嘴

將花嘴拉至尖端

尖端剪一小洞

拉出花嘴

擠花袋撐開反折 1/3

撐開擠花袋

填入餡料

擠花袋口折起，將鮮奶油慢慢幾至尖端

扭轉擠花袋口

右手出力，左手大拇指與食指握住花嘴
上方，以控制力道及擠出的量的多寡

Tips
●不同造型的花嘴，擠出來的紋路不同。

Baisc 甜點製作基本款

在玲瑯滿目、色彩繽紛的甜點世界中,基本款是製作甜點時所需具備的雛型、裝飾,少了它,不僅無法呈現出美味的口感,也製作不出令人賞心悅目的甜點作品。

Pearl Sugar
珍珠糖片

用途：

適用於裝飾慕斯類、西點等。

材料：

珍珠糖 100g、色粉 5g（可於食品材料行購得）

作法：

1. 將珍珠糖、色粉放入容器中拌勻。可選用不同顏色的色粉，調出幾款不同的顏色。

2. 將作法 1 放在矽利康片上，以小湯匙加以鋪平。

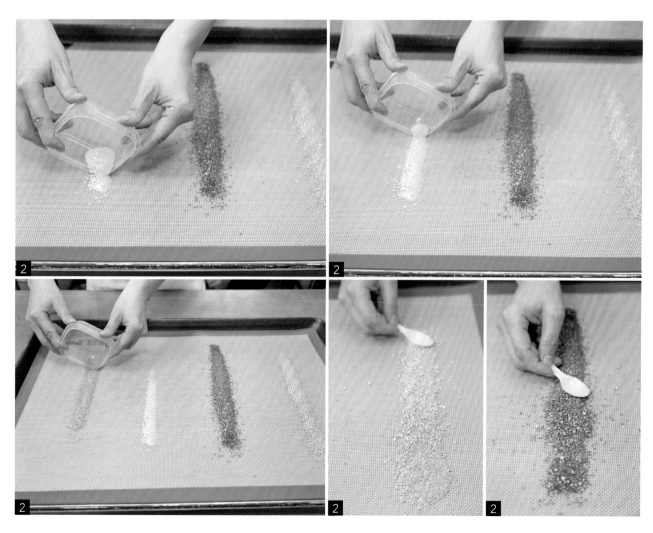

3. 蓋上另一片矽利康片，送入烤箱，以 180 ／ 180°C 烘烤 15 分鐘後取出。

Meringhe

義大利蛋白霜

用途：

用於慕斯內餡或馬卡龍內餡的糕點製作。

材料：

細砂糖 200g、水 60c.c、蛋白 100g

作法：

1. 將細砂糖、水放入鍋中一同煮沸至 112℃，或至拉起時略成絲狀。

2. 蛋白打至 7 分發，將作法 1 加入打發蛋白中一同拌打。

3. 作法 2 需拌打至拉起時可呈角狀，後待其降溫到 45℃。

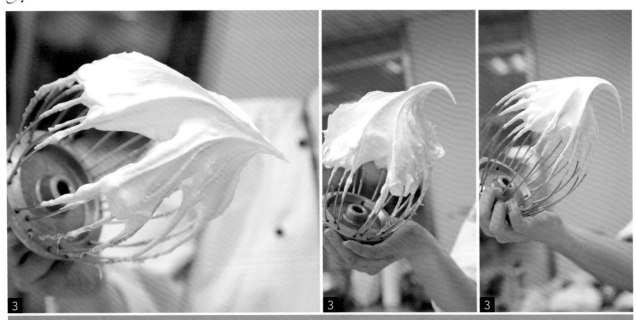

製作義大利蛋白霜的重點：

• 當糖漿加熱至 112 ～ 118℃時，須注意溫度不可超過此範圍，否則會導致糖結晶。

• 打發蛋白時須注意不可過發約 7 分發即可，後再將糖漿沖入打發的蛋白中，且快速打發才能成功。

• 呈上，切勿蛋白打過發而糖漿溫度又未達到；若糖漿溫度到達標準時，但蛋白還未打發，可先將糖漿停止加熱，使其降溫，等蛋白打發到需要的程度後，再將糖漿加熱。

Ganache
加拿許

用途：

製作巧克力內餡和淋模巧克力蛋糕使用；也可拌入奶油霜，成為巧克力奶油霜

材料：

鮮奶 200g、鮮奶油 150g、葡萄糖漿 40c.c、巧克力 500g、奶油 20g

作法：

1. 將鮮奶、鮮奶油、葡萄糖漿放入鍋中，小火煮沸。

2. 將煮沸的作法 1 沖入巧克力中拌勻。

3. 再加入奶油，用橡皮刮刀攪拌。

French Custard

法式卡士達醬

用途：

用於泡芙或蛋糕內餡中。

材料：

鮮奶 500g、香草豆莢 1/2 根、細砂糖 100g、蛋黃 90g、低粉 20g、玉米粉 20g、軟化奶油 35g

作法：

1. 先將香草籽自香草豆莢中刮出，放入鍋中與鮮奶一同加熱後，將香草籽撈起。

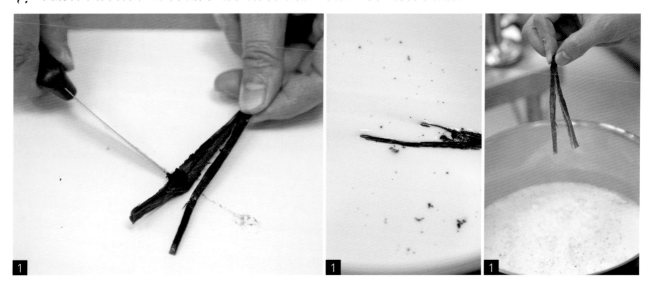

2. 將細砂糖、低粉、玉米粉放入容器中過篩拌勻。

3. 作法 2 中加入蛋黃攪拌。

4. 將作法 1 加入作法 3 鍋中拌煮至沸騰冒泡，最後加入軟化奶油拌勻即可。

Tips
•法式卡士達醬可搭配其他水果餡料調整口味，富變化性。

Cream

奶油霜

用途：

用於蛋糕夾層或馬卡龍內餡，可加入巧克力或果餡作口味上的變化。

材料：

細砂糖 200g、水 60 c.c、蛋白 100g、奶油 960g、白蘭地 40c.c

作法：

1. 將細砂糖、水放入鍋中一同煮沸約至112℃，或至拉起時成絲狀。

$2.$ 蛋白打至 7 分發，將作法 1 加入打發蛋白中一同拌打至拉起時可呈角狀。

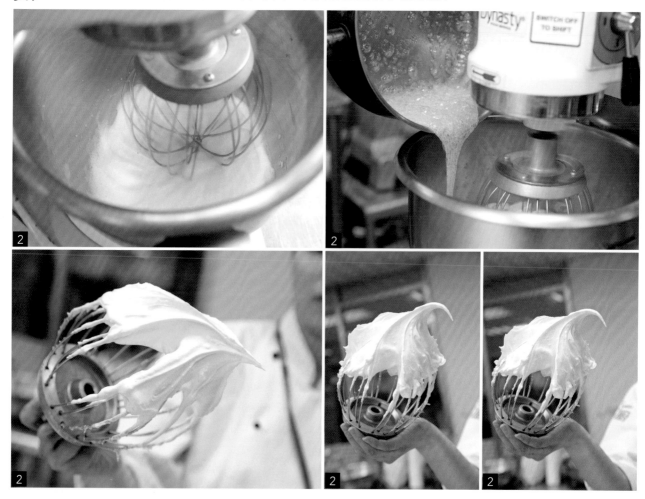

$3.$ 待作法 2 降溫到 45℃，加入奶油一同拌打成奶油霜，最後加入白蘭地增添風味。

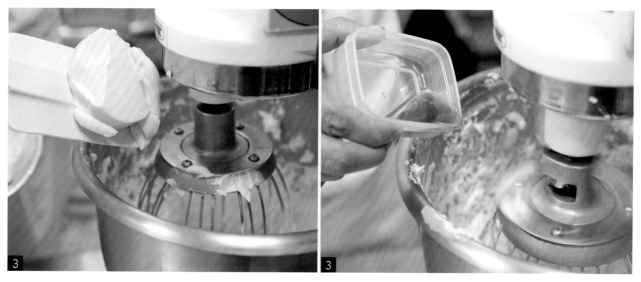

Sponge Cake
海綿蛋糕

用途：

作為蛋糕夾層，或慕斯類蛋糕體的使用。

材料：

全蛋 406g、細砂糖 220g、鹽 2g、低粉 220g、沙拉油 33g、含籽香草醬 5g、奶水 33c.c

作法：

1. 細砂糖、鹽一同放入鍋中，隔水加熱至 65℃ 後離火，再加入全蛋隔水加熱至 40℃，打發至略呈現白色。

2. 將低粉、香草醬緩緩加入，打至 9 分發。

3. 將奶水倒入沙拉油中，再加入作法 2 拌勻。

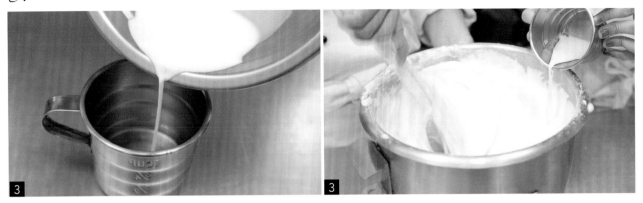

4. 拌好的麵糊入模或倒在烤盤上，用刮刀加以抹平後，送入烤箱，以 190 ∕ 150℃ 烘烤 20 分鐘，再轉向以 150 ∕ 130℃ 烘烤 15 分鐘後取出。(轉向即為將烤盤上下方翻轉後，再送入烤箱烘烤。)

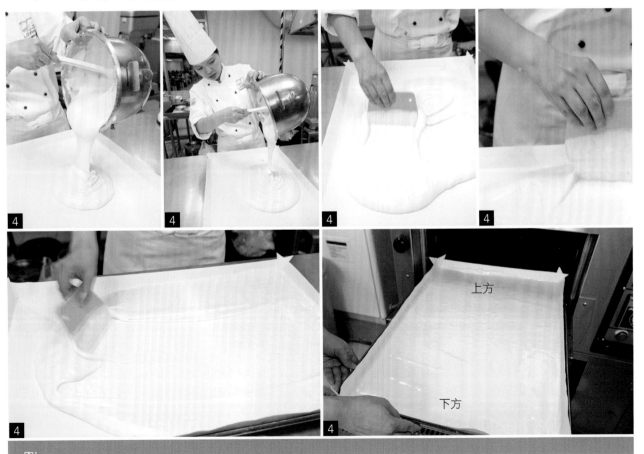

Tips
• 測量麵糊是否打至 9 分發，以麵糊沾附手上 5 秒，不會滴落即可。
• 麵糊入模至送入烤箱的時間不可太久，入模的麵糊厚度需等高，避免時間拉長，麵糊消泡。

Chocolate Sponge Cake
巧克力海綿蛋糕

用途：

適用於巧克力蛋糕夾層或慕斯類的蛋糕製作。

材料：

全蛋 330g、細砂糖 180g、葡萄糖漿 25c.c、低粉 135g、可可粉 40g、奶油 35g、鮮奶 50c.c

作法：

1. 放入奶油、鮮奶，加熱至奶油融化後拌勻。

2. 將葡萄糖漿隔水加熱至 40℃ 呈稀狀。蛋、細砂糖一同打發至呈現白色後，加入葡萄糖漿。

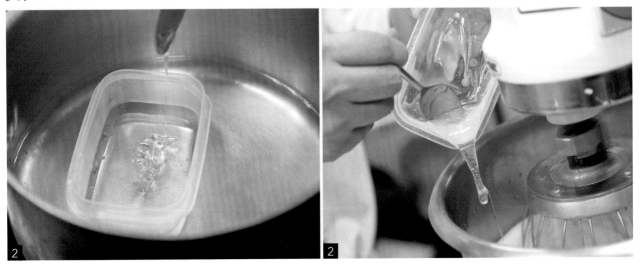

3. 低粉、可可粉均勻混合後加入攪拌；再加入作法1的融化奶油拌勻。

4. 拌好的麵糊入模後抹平，送入烤箱，以 180 ∕ 180℃ 烘烤 16 分鐘後取出。

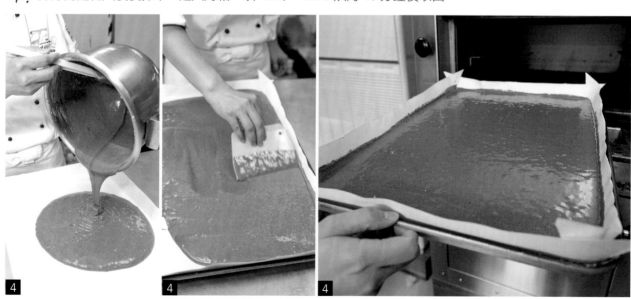

Amanda Chip
杏仁薄餅

用途：

可當成蛋糕上的裝飾，或餅乾食用。

材料：

奶油 260g、細砂糖 240g、牛奶 40c.c、杏仁角 200g、開心菓 80g、低粉 200g、黑芝麻 10g、白芝麻 10g

作法：

1. 將奶油加熱融化後，倒入低粉中拌勻，再加入細砂糖、牛奶拌勻。

2. 將杏仁角、黑白芝麻、開心果加入作法 1 拌勻。

3. 作法 2 的麵糊裝入擠花袋，在烤盤上鋪上矽利康片，將麵糊擠上後送入烤箱，以 180 ／ 180℃ 烘烤 15 分鐘即可。

Amanda Tart
杏仁塔皮

用途：

適用於各式派類和水果塔等西點製作

材料：

奶油 150g、糖粉 95g、杏仁粉 40g、海塩 2g、香草豆莢 1/2 根、全蛋 1 顆、泡打粉 1g、低粉 250g

作法：

1. 將奶油、糖粉、香草籽、海鹽放入容器中，略為打發。

2. 蛋分次加入拌勻後，再放入杏仁粉拌打。

3. 泡打粉、低粉混和後，將作法2拌好的麵團取出，與泡打粉、低粉揉壓成團。

4. 將作法 3 麵團略為壓扁，蓋上烘焙紙，放入冰箱冷藏鬆弛 20 分鐘。

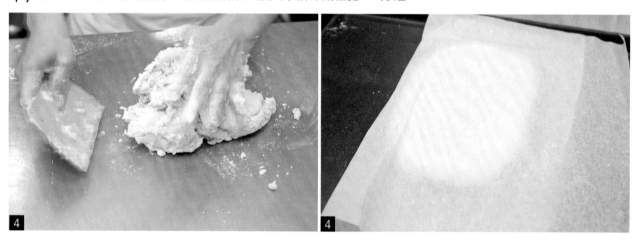

5. 將作法 4 麵團自冰箱取出後，分切小塊，每塊約 180g，揉成小團壓扁後加以擀平。

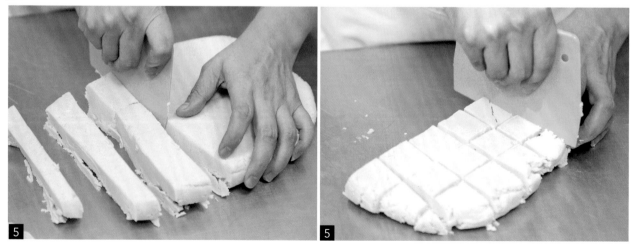

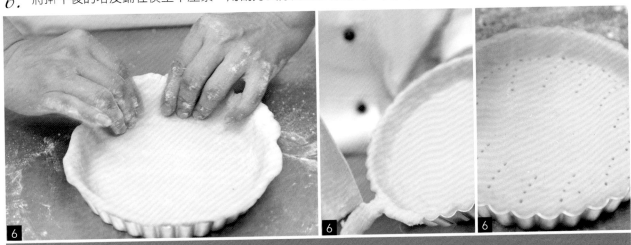

6. 將擀平後的塔皮鋪在模型中壓緊，用刮刀去除邊緣多餘部分，於底部戳小洞。

Tips
●這裡使用的是6吋的塔模，麵團分切成段約180g，刮除邊緣後約150g。

Pudding & Panna Cotta
布丁奶酪

香軟滑嫩的布丁奶酪裝飾上新鮮水果，沁涼濃郁的口感夾雜著水果的微酸，創造出不同層次的味蕾表現，最適合炎熱的夏季享用。

Mango Pudding
芒果西米布丁

材料：

水 200c.c、細砂糖 50g、寒天果凍粉 5g、鮮奶油 125g、西谷米 25g、水 500c.c、芒果泥 250g
椰奶 150c.c(分為 A 50c.c、B 100c.c)、牛奶 100c.c

作法：

1. 水與西谷米一起煮，待西谷米完全呈透明狀 (中間呈白色) 為熟透，將西谷米撈起，放涼備用。

2. 將水、芒果泥、椰奶 A 一同放入鍋中，拌煮至滾。

3. 作法 2 中煮滾後，加入以混合的細砂糖與寒天果凍粉，拌勻後過篩，倒入西谷米，此為芒果布丁液。

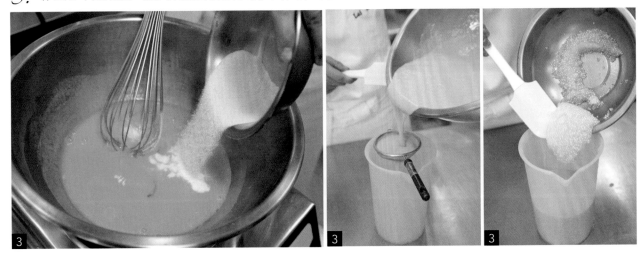

4. 將芒果布丁液倒入杯中至 8 分滿，送入冰箱冷藏 3 小時。

5. 將椰奶 B 與牛奶加熱煮至釋放出椰奶的味道。

6. 把作法 5 加入西谷米攪拌，倒入冷藏後的芒果布丁杯中。

裝飾：

7. 擺上紅醋栗、薄荷葉及糖片。

Tips
•細砂糖和寒天果凍
粉一定要先混合一
起，因寒天果凍粉
顆粒較細，需要先
讓其附著在細砂糖
上；此外若加入過
多的寒天果凍粉會
導致凝固。

Currant Jelly

黑醋栗香檳氣泡凍

材料：

水 500c.c、細砂糖 180g、寒天果凍粉 6g、香檳酒 400c.c、檸檬汁 30c.c、黑醋栗果泥 100g
黑醋栗香甜酒 10c.c、黑莓 1 顆

作法：

1. 把細砂糖、寒天果凍粉混合後，加入滾水拌煮均勻後關火。

2. 香檳酒、果泥、檸檬汁、黑醋栗香甜酒倒入作法 1 拌勻，即成果凍液。

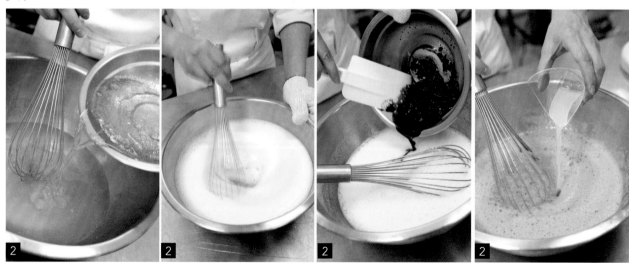

3. 將作法 2 過濾後的果凍液倒入杯中，約 3/5 滿，放入 1 顆黑莓，倒入透明氣泡凍液，冷藏備用。（透明氣泡凍液作法為作法 2 不含果泥拌入作法 1 中即可）

裝飾：

4. 取部分的透明氣泡凍液冷凍，取出後用攪拌器打成泡沫狀，倒入冷藏過後的黑醋栗氣泡凍上，再放進冷藏。

5. 從冷藏取出後，擺上黑莓及糖片。

Tips

•作法 1 中，細砂糖與寒天果凍粉煮至有光澤感，果凍才會亮。

材料：

鮮奶油 250g、細砂糖 60g、香草籽適量、吉利丁片 10g、鮮奶 250c.c

作法：

1. 將鮮奶油、香草籽加熱拌勻至 65℃，後加入細砂糖攪拌；加入泡軟的吉力丁片拌至融化。

2. 鮮奶加入作法 2 攪拌均勻，勿用打蛋器，避免起泡。

3. 將作法 2 過濾後倒入模型中，約 2／3 高度，再放進冰箱冷藏 3 小時。

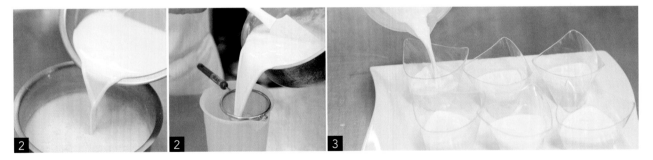

裝飾：

4. 冷藏過的奶酪取出後，將雙色哈密瓜切片擺上做裝飾，淋上果凍液，擺上白醋栗。

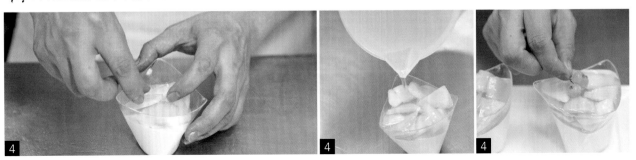

Raspberry Caramel Brulee
覆盆子烤布蕾

材料：

鮮奶 200c.c、鮮奶油 300g、細砂糖 80g、蛋黃 120g、香草豆莢 1/2 根、冷凍覆盆子 適量

作法：

1. 鮮奶、鮮奶油、香草籽與香草豆莢一同加熱拌勻，加熱至溫度 65℃(勿煮太燙，蛋黃會煮熟)，將香草豆莢取。

2. 蛋黃打散後加入細砂糖拌勻，加入作法 1 攪拌，過濾後即成布丁液。

3. 烤模碗底部鋪上覆盆子後，倒入布丁液。

4. 把烤模碗放到烤盤上，烤盤中倒入水，送入烤箱水浴烘烤，以 150 ／ 150℃ 烘烤 40 分鐘。自烤箱取出後，
   放入冰箱冷藏 3 小時。

5. 布丁從冰箱取出後，表面均勻撒上細砂糖，用噴槍將表面的細砂糖燒烤至焦化。

裝飾：

6. 將先前製作過的杏仁薄餅切成條狀，撒上糖粉；覆盆子塗上果膠；在布丁表面擺上覆盆子、杏仁薄片及開心果碎。

Tips

• 水浴法即隔水烤，烤出的布丁才會嫩不會過乾。

• 過濾布丁液時，可在盛裝布丁液的容器中覆蓋餐巾紙，去掉泡沫；也可在倒入烤模前，將布丁液靜置約 1 小時，待泡沫消失。

Puff 泡芙

泡芙在法國是道象徵吉慶與祝福的甜點，在泡芙中抹上內餡，裝飾上各式各樣的水果，就像是夢幻版的豪華甜點，讓人咬一口就上癮的幸福滋味。

Fruit Puff
水果泡芙塔

材料：

外殼

水 150c.c、牛奶 150c.c、鹽之花 3g、細砂糖 6g

低粉 185g、奶油 135g、全蛋 285g

內餡

卡士達醬 250 g（作法詳見 p.39 ～ 41）

作法：

外殼

1. 奶油、牛奶、鹽之花、細砂糖放入鍋中，小火煮沸。

$2.$ 低粉加入作法 1 中，翻炒至糊化。

$3.$ 麵糊放入攪拌缸中，攪拌降溫，降溫後分次加入全蛋，打至麵糊拉起時呈現倒三角狀即可。

4. 麵糊倒入擠花袋，在舖有矽利康片的烤盤上分別擠出圓形與長形的麵糊；送入烤箱，以 180 ／ 190℃ 烘
烤 30 分鐘後取出。

5. 將烘烤過的泡芙殼切半，擠上卡士達醬，擺上新鮮的水果，塗上果膠。

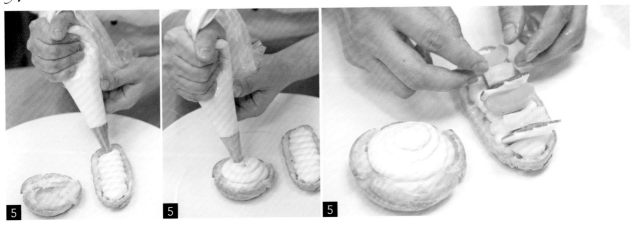

裝飾：

6. 在盤上撒上可可粉與糖粉作為裝飾，放上水果泡芙。

Chocolate Raspberry Puff

巧克力覆盆子泡芙

材料：

外殼

水 150c.c、牛奶 150c.c、鹽之花 3g、細砂糖 6g
低粉 185g、奶油 35g、全蛋 285g

內餡

卡士達餡 250g、覆盆子醬 100g
覆盆子酒 10g、巧克力醬 120g
（卡士達醬作法詳見 p.39 ～ 41）

作法：

外殼

1. 製作麵糊。（作法詳見 p.75）
2. 麵糊倒入擠花袋，在烤盤上擠出圓形的麵糊；送入烤箱，以 180 ／ 190 ℃ 烘烤 30 分鐘後取出。

內餡

3. 將卡士達餡、覆盆子醬、巧克力醬、覆盆子酒放入容器中，使用打蛋器加以拌勻後放入擠花袋中，需先冷藏待其變硬些，即為內餡。

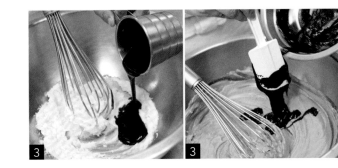
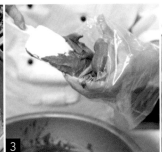

4. 烘烤過的泡芙殼切半，擠入內餡，擺上覆盆子且刷上果膠，放上馬卡龍的外殼，點上金箔，撒些許開心果碎粒即完成。

Mont-Blanc Puff
蒙布朗栗子泡芙

材料：

外殼

水 150c.c、牛奶 150c.c、鹽之花 3g、細砂糖 6g
低粉 185g、奶油 135g、全蛋 285g
巧克力轉印片 1 片

內餡

卡士達醬 250g、軟化奶油 400g、栗子醬 1kg
蘭姆酒 60c.c、打發的動物鮮奶油 160g
（卡士達醬作法詳見 p.39～41）

作法：

外殼

1. 製作麵糊（作法詳見 p.75）
2. 麵糊倒入擠花袋，在舖有矽利康片的烤盤上擠出長形的麵糊；送入烤箱，以 180／190℃ 烘烤 30 分鐘後取出。

內餡

3. 栗子醬、軟化奶油放入容器中拌勻，加入打發動物鮮奶油與蘭姆酒即為栗子醬，過篩後，倒入擠花袋備用。

4. 將烘烤過的泡芙殼切半，擠入卡士達醬，放一片巧克力轉印片後，先擠入卡士達醬再擠入栗子醬。

裝飾：

5. 將作法 4 撒上可可粉與糖粉，擺上草莓，刷果膠，放上藍莓及巧克力片。

Blueberry Puff
藍莓泡芙

材料：

外殼

水 150c.c、牛奶 150c.c、鹽之花 3g、細砂糖 6g
低粉 185g、奶油 135g、全蛋 285g

內餡

卡士達醬 200g、藍莓醬 100g、白蘭地 10c.c
檸檬汁 10c.c、藍莓 數顆
（卡士達醬作法詳見 p.39 ～ 41）

作法：

外殼

1. 製作麵糊（作法詳見 p.75）
2. 麵糊倒入擠花袋，在烤盤上擠出圓形的麵糊；
   送入烤箱，以 180 ／ 190℃ 烘烤 30 分鐘後
   取出。

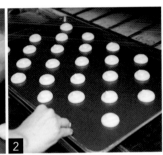

內餡

3. 將卡士達醬、藍莓醬拌勻後，加入檸檬汁（提酸味）、白蘭地酒攪拌，完成後裝入擠花袋備用。

組合：

4. 將烤好的泡芙頂部切1／3，擠入藍莓醬，撒上糖粉，擺上數顆藍莓，蓋上泡芙殼；盤中以藍莓餡為裝
   飾，放上開心果碎立及覆盆子。

Cake 蛋糕

每個值得慶祝的時刻就會有蛋糕的出現，多變造型與豐富口味，讓人體驗視覺與味覺上的雙重享受。

Strawberry With Sticky Rice Cake
草莓雪米蛋糕捲

材料：

蛋白 500g、細砂糖 280g、塔塔粉 1.5g、鹽 1.5g、低粉 150g、玉米粉 45g

香草精 1.5g、草莓香料 少許、雪米 75g、蔓越莓乾 25g、植物性鮮奶油 100g

作法：

蛋糕

1. 將蛋白打至濕性發泡後，加入細砂糖、塔塔粉和鹽拌勻。（濕性發泡，為蛋白與細砂糖一直拌打至成為如同鮮奶油般的雪白泡沫，且舉起打蛋器時，泡沫仍會至打蛋器滴垂而下，如右下方圖。）

2. 加入香草精、草莓香料拌勻。

3. 將低粉、玉米粉過篩後加入拌勻，即成麵糊。
4. 烤盤中均勻撒上雪米及蔓越莓乾。

5. 作法 3 的麵糊鋪入烤盤中，以刮刀將表面抹平，將氣泡震出後送入烤箱，以 180 ／ 160℃ 烘烤 18 分鐘。

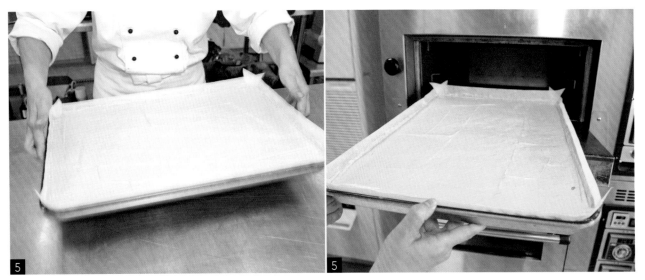

6. 烤好蛋糕取出，與烘焙紙一同取下，在表面鋪上另一張烘焙紙，抓住邊角後翻面，撕下在上方的烘焙紙；
再鋪上另一張烘焙紙，同樣動作翻面，將上方的烘焙紙撕下。

7. 鮮奶油打發後在蛋糕上均勻抹平，撒上草莓粒，再將蛋糕捲起壓實。

7

7

裝飾：

8. 蛋糕捲切段，以湯匙為鮮奶油塑形後裝飾
   上，再撒上糖粉，擺上草莓，即完成。

8

8

8

Tips
•將麵糊鋪入烤盤時，需留意避免移動到烤盤內的雪米和蔓越莓乾。
•裝飾鮮奶油時，湯匙可先用噴槍烤過，鮮奶油較易滑下。

90

Cassate Cake Roll
卡沙達蛋糕捲

材料：

糕體
蛋白 8 份、蛋黃 8 顆、低粉 150g、玉米粉 50g
溫水 50c.c、細砂糖 300g(分為 A 200g、B 100g)

內餡
瑞可達起士 750g、柑曼宜干邑香甜酒 50c.c
苦甜巧克力碎 50g、蜜果皮 30g、葡萄乾 40g
開心果碎 20g、吉利丁 20g、糖粉 130g
打發動物性鮮奶油 300g

作法：

糕體

1. 將蛋白、細砂糖 A 一同打至乾性發泡。蛋黃、細砂糖 B 一同打發，打發程度如下方右圖，呈水滴狀。(乾
性發泡，為蛋白與細砂糖一直拌打，直到舉起打蛋器後蛋白泡沫不會滴下的程度。)

2. 溫水加熱至 60℃，沖入低粉、玉米粉，拌勻至無顆粒狀。

3. 依序加入作法 1 中已打發的蛋黃及蛋白，即成麵糊。

4. 麵糊倒入烤盤中抹平，送入烤箱，以 200 ／ 180℃ 烘烤 10 ～ 12 分鐘。

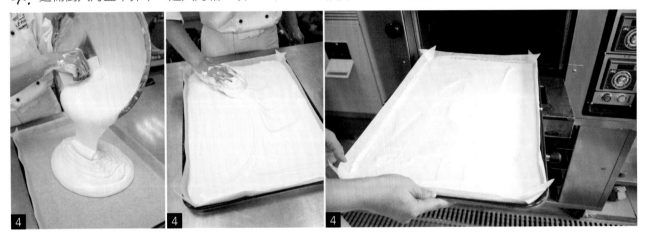

內餡
5. 瑞可達起士、糖粉一同拌打至表面呈現光滑狀。

6. 將吉利丁隔水加熱融化,過程中需不斷攪拌。待吉利丁融化後,加入作法 5 中拌勻。

7. 作法 6 中倒進柑曼宜干邑香甜酒後,放入巧克力碎、蜜果皮、葡萄乾、開心果碎攪拌均勻,再拌入打發的動物性鮮奶油,即完成內餡。

8. 烤好的蛋糕體切半,將內餡鋪上後捲起,送入冰箱冷凍。

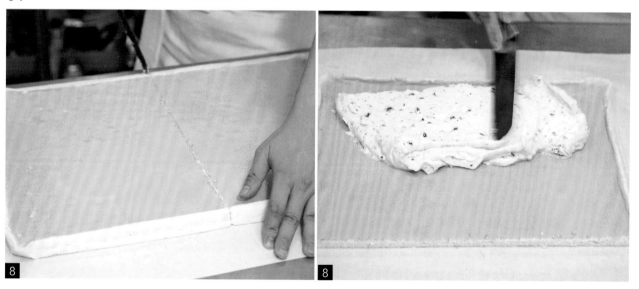

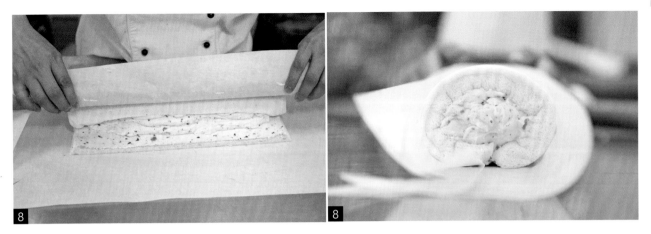

裝飾：

9. 取出冷凍後的蛋糕捲，擠上馬斯卡彭起士，再放上無花果、草莓、奇異果、覆盆子、杏桃裝飾，在水果上薄刷一層鏡面果膠，撒上可可粉、糖粉。

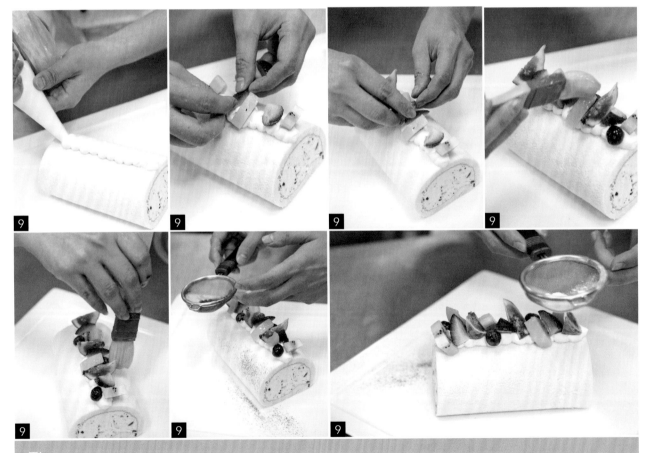

Tips
● 製作蛋糕體的過程中加入溫水，讓此款義式溫種蛋糕的口感較 Q。
● 在蛋糕體上鋪內餡時可適量增加，較易捲起之餘，口感更扎實。

Apricot Custard Cake
杏桃卡士達蛋糕

材料：

杏桃杏仁膏 200g、全蛋 2 顆、蛋黃 2 顆、桔子丁 80g、高粉 25g、低粉 25g
融化奶油 70g、蛋白 55g、奶油 適量、杏仁片 適量、杏桃 適量、卡士達醬 適量（卡士達醬作法詳見 p.39〜41）

作法：

1. 將杏桃杏仁膏攪拌
至軟後，分次加入
全蛋、蛋黃，打至
發白。

2. 高粉、低粉均勻混和後，放入桔子丁略為抓拌弄散，加入作法 1 中拌勻備用。

3. 蛋白打至乾性發泡後，加入作法 2 用手拌勻，再加入溶化奶油攪拌後，將麵糊倒入擠花袋。

4. 麵糊擠入模中，送入烤箱，以 180 ／ 150℃ 烘烤 30 ～ 35 分鐘。

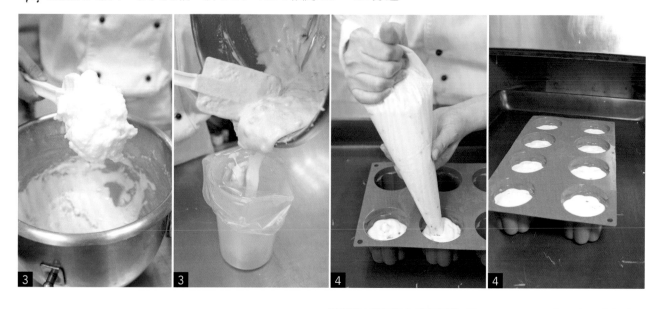

5. 烤好的蛋糕取出脫模，底部略為切平。

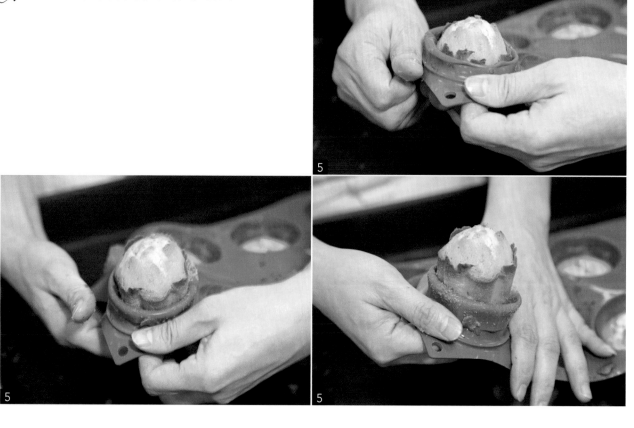

6. 卡士達醬裝入擠花袋中，擠在蛋糕上。

裝飾：

7. 用噴槍在杏桃表面噴出焦色後，與草莓、奇異果、藍莓一同塗上鏡面果膠裝飾於蛋糕上。

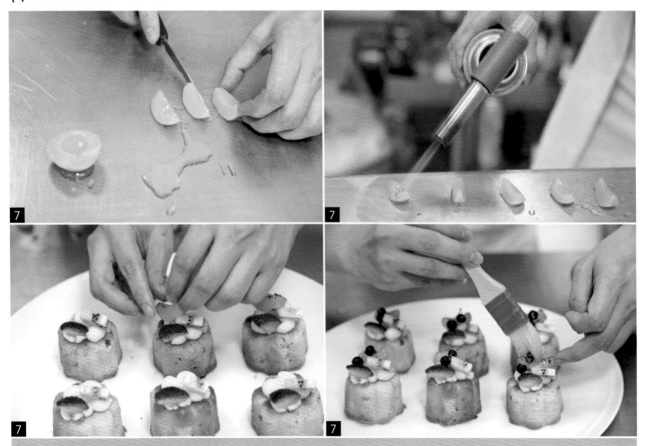

Tips
•因杏桃杏仁膏本身即具甜味，此款蛋糕在製作過程中不需再添加砂糖。

材料：

安佳奶油 100g、杏仁膏 150g、蛋黃 100g、芝麻 50g、榛果粉 50g、蛋白 100g、細砂糖 50g、低粉 40g

作法：

1. 杏仁膏與奶油一同攪拌均勻後，將蛋黃分次加入打發。

2. 加入黑芝麻、榛果粉拌勻後，再加入低粉拌勻。

3. 將蛋白與細砂糖混和後，攪打至濕性發泡，再拌入作法 2，即完成麵糊。

4. 麵糊裝入擠花袋，擠入模後送入烤箱，以 200 ／ 200℃ 烘烤 30 分鐘。

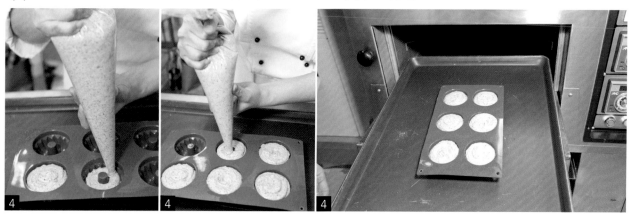

裝飾：

5. 烤好的蛋糕取出脫模，放上巧克力棒，擺上巧克力球，再以薄荷葉點綴。

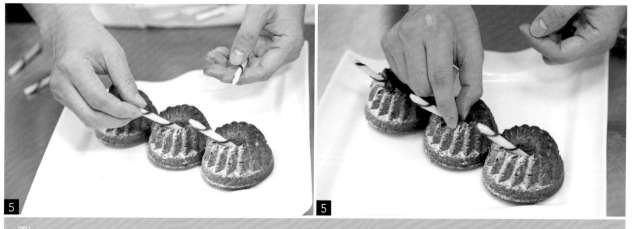

Tips
•因杏仁膏較易結粒，攪拌過程中需多加留意。

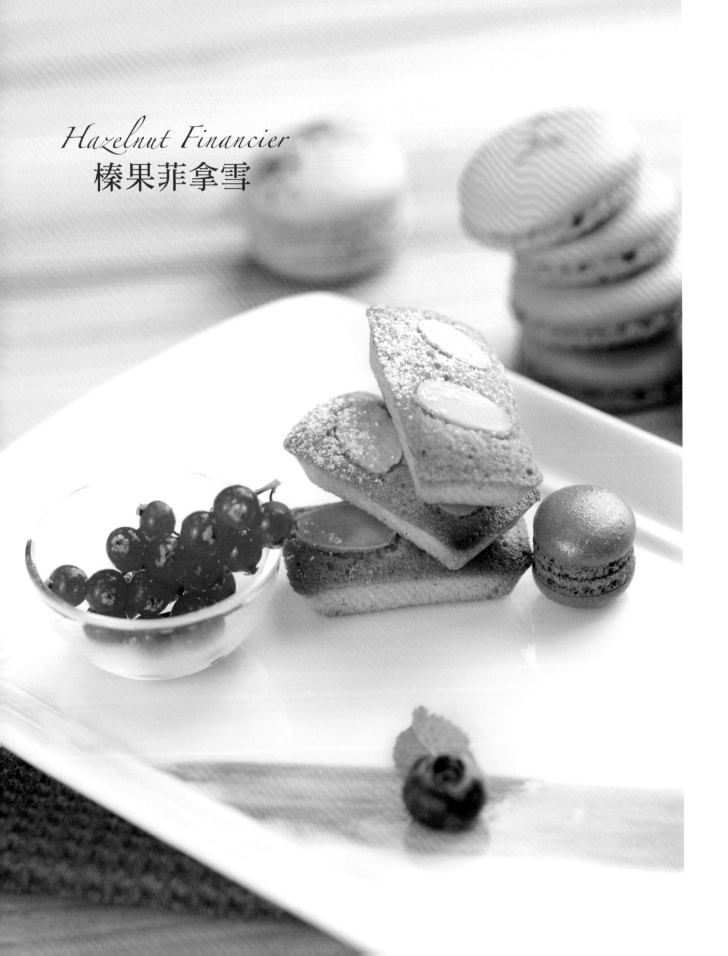

Hazelnut Financier

榛果菲拿雪

材料：

杏仁粉 80g、低粉 120g、糖粉 350g、蛋白 300g、奶油 300g、榛果粉 40g、杏仁片 適量

作法：

1. 把低粉、糖粉、榛果粉、杏仁粉和蛋白拌勻後備用。

2. 奶油以小火煮至焦化，呈現焦香味，過濾。

3. 過濾後的焦化奶油加入作法 1，攪拌勻，即成蛋糕糊，倒入擠花袋。

4. 將烤盤與模型噴上烤盤油，蛋糕糊擠入模中，表面鋪上杏仁片後送入烤箱，以 210 ／ 220℃ 烘烤 12～15 分鐘即完成。

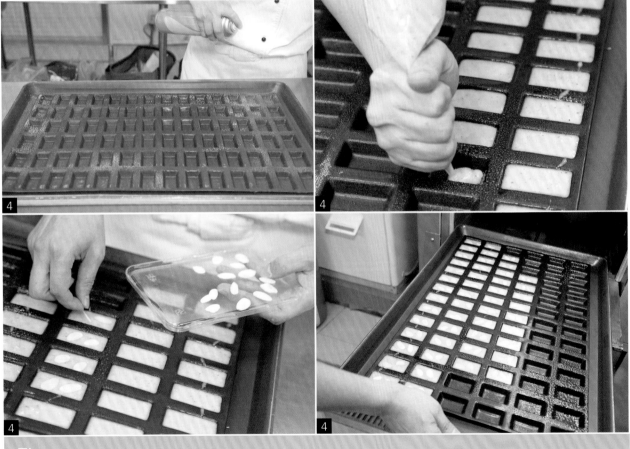

Tips
• 榛果粉與杏仁粉不須過篩。
• 作法 2 中，奶油煮至焦化，呈現油浮上來，底部焦黑即可。

Caramel Figs Cake
焦糖無花果蛋糕

材料：

奶油 175g、蛋黃 60g、水 40c.c、動物性鮮奶油 95g、低粉 225g、細砂糖 200g(分為 A 150g、B 50g)
泡打粉 3g、蛋白 60g、核桃 40g、蔓越莓乾 40g、無花果乾 150g
・無花果乾須先加入紅酒 100c.c 浸泡一晚後，瀝乾備用

作法：

1. 鍋中放入細砂糖 A、水，小火煮至金黃色後，加入鮮奶油拌勻，待其降溫冷卻，即成太妃糖。

2. 奶油打發後，分次加入蛋黃同打，再分次加入太妃糖拌勻。

3. 低粉和泡打粉過篩後，加入作法 2 中拌勻；再放切片的無花果、核桃、蔓越莓乾攪拌。

4. 將蛋白與細砂糖 B 混合，打至濕性發泡後加入作法 3 拌勻。

5. 將麵糊放入水果條模中，表面放上無花果乾，即可送入烤箱，以 200 ／ 180℃ 烘烤 35 ～ 40 分鐘。

裝飾：

6. 從烤箱取出後脫模，在表面均勻塗上鏡面果膠，撒上糖粉，再以開心果、玫瑰花瓣、巧克力裝飾，即完成。

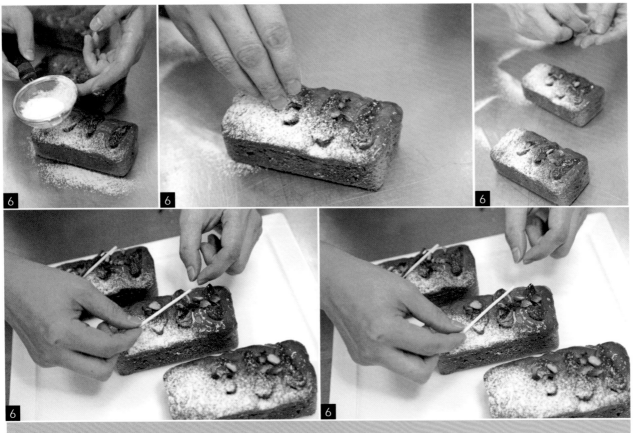

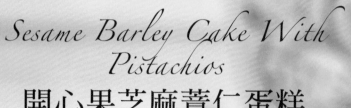

Sesame Barley Cake With Pistachios

開心果芝麻薏仁蛋糕

材料：

糕體

軟化奶油 125g、糖粉 125g、杏仁粉 125g
馬鈴薯澱粉 20g、全蛋 100g、開心果碎 50g

內餡

芝麻醬 150g、卡士達醬 300g、杏仁膏 30g
煮熟的薏仁 100g（卡士達醬做法詳見 p.39～41）

作法：

糕體

1. 軟化奶油，以小火加熱至稠狀即可，不需完全融化。

2. 全蛋打散，分次將糖粉、杏仁粉、馬鈴薯澱粉加入拌勻。

3. 作法 2 中加入軟化奶油拌勻後，再加入開心果碎，攪拌均勻，即成麵糊。

4. 麵糊倒入烤盤中，用刮刀將表面抹平後送入烤箱，以 200 ／ 200℃ 烘烤 15 分鐘。

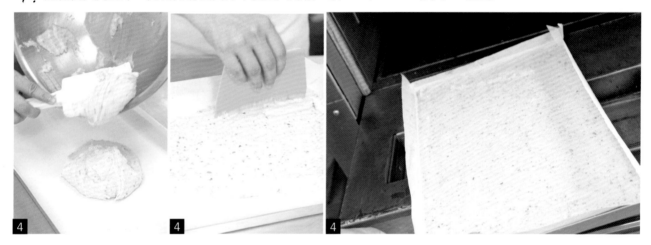

內餡
5. 將杏仁膏和芝麻醬一同拌軟至杏仁膏無顆粒狀，再加入卡士達醬、薏仁，加以攪拌均勻後即成內餡。

6. 烤好的蛋糕取出，切成寬約 5 公分的長條。

7. 將內餡裝入擠花袋，擠至底層蛋糕上，再蓋上一層蛋糕，重複動作，共擠 3 層，完成後將蛋糕冷凍 6 小時。

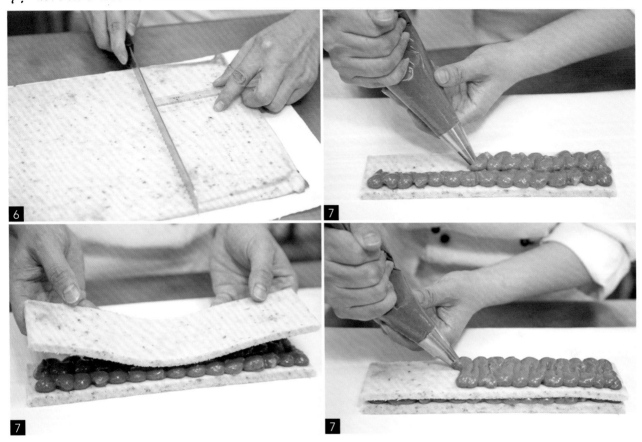

裝飾：

8. 取出冷凍後的蛋糕，上層塗抹鏡面果膠，鋪上開心果碎，擺放無花果、草莓、藍莓，再撒上糖粉，水果表面塗抹鏡面果膠，綴上白巧克力與金箔。

Tips
• 這款蛋糕全程手拌即可，不需使用機器打發。

Cookie 餅乾

手工餅乾雖然每片的形狀、大小及紋路都不同，但那用手擠壓過的痕跡，別具有自然樸質的美感，就像是美好的印記般令人回味無窮。

Pistachio Oat Cookie
開心果燕麥酥

材料：

奶油 100g、糖 50g、 開心果碎 20g、牛奶 20c.c、低粉 110g、燕麥片 30g、鹽 0.5g

作法：

1. 奶油、糖、開心果碎、鹽一同放入攪拌盆中，略為打發。

2. 加入牛奶、燕麥片、低粉拌勻後，放進作法 1，均勻拌成團狀。

3. 作法 2 完成的麵團放置於鋪上塑膠袋的烤盤上，用手指與橡皮刮刀整形成長條狀，放入冰箱冷藏。

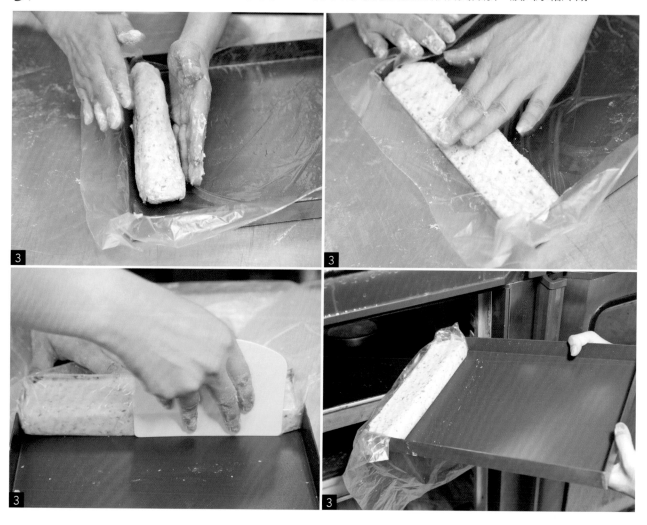

4. 在烤盤紙上倒入糖及開心果，裹在冷藏作法 3 的麵團表面再分切成小塊，厚度約 0.3 公分。

5. 將作法 4 整齊排入烤盤中，送入烤箱，以 180 ／ 160°C 烘烤 15 分鐘後即可。

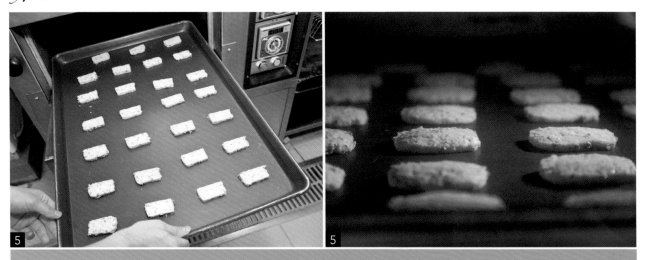

Tips
• 此款餅乾製作時不加蛋，且以牛奶取代水分，以健康取向為主。
• 製作時若奶油打得不夠發，成品容易失敗。

Green Tea Biscotti
義式抹茶比斯可提餅乾

材料：

全蛋 240g、 細砂糖 100g、二號砂糖 80g、 抹茶粉 40g、 泡打粉 10g
低粉 420g、 杏仁果 50g、 核桃 50g、 蔓越莓 50g、 鹽 6 g、 開心菓 60g

作法：

1. 將蛋、細砂糖、二號砂糖、鹽放入攪拌盆中，打發至呈現乳沫狀，加入抹茶粉、泡打粉、低粉攪拌。

2. 作法 1 取出後，加入杏仁果、核桃、蔓越莓、開心果，用手與橡皮刮刀加以拌勻。

3. 作法 2 整形成圓柱狀壓扁後以橡皮刮刀塑形，送入烤箱，以 180 ／ 150℃ 烘烤 15 分鐘後取出。

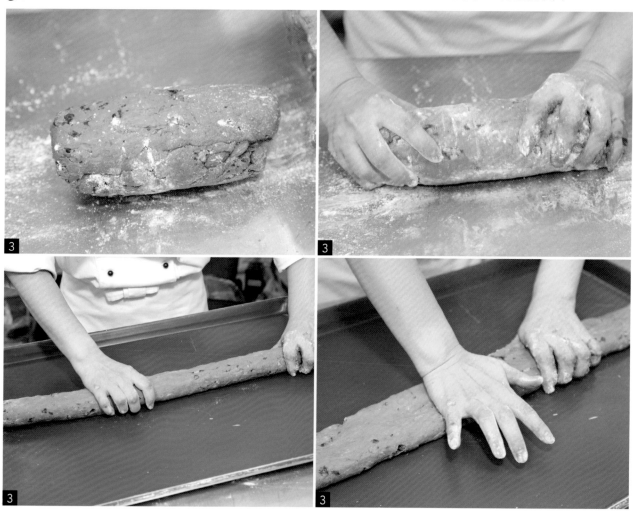

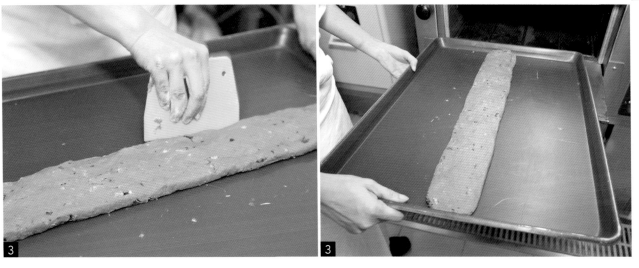

4. 取出麵團後，切成約 0.7 公分厚的片狀，整齊平鋪在烤盤上。

5. 將排滿餅乾片的烤盤送入烤箱，以 150／150℃ 烘烤 20 分鐘，即可取出。

Tips

•材料中加入二號砂糖可增加酥粒口感。

Chocolate maple sugar
Walnut Cookie

巧克力楓糖核桃餅乾

材料：

奶油 140g、楓糖 12g、紅糖 80g、蛋 1 顆、低粉 190g、香草精 1g

泡打粉 4g、小蘇打粉 2g、核桃 120g、烘焙巧克力豆 150g

作法：

1. 將奶油、紅糖、楓糖放入攪拌盆中，略為打發。

2. 再放入蛋、低粉、香草精、泡打粉、小蘇打粉拌勻。

3. 作法 2 加入核桃與烘焙巧克力豆,拌至成團狀分成小塊,每塊約 31 公克,滾成圓球狀後,壓扁成片狀,厚度約 0.3 ～ 0.4 公分。

4. 將作法 3 整齊排入烤盤中,送進烤箱,以 180 ／ 150℃ 烘烤 20 分鐘後取出。

Macadamia cookie
夏威夷可可蛋白餅

材料：

蛋白 45g、糖粉 130g、可可粉 8g、低粉 10g、夏威夷豆 250g

作法：

1. 夏威夷豆切成粹粒，可可粉、低粉和糖粉過篩

2. 將過篩的低粉、可
可粉與糖粉加進蛋
白拌勻，放入夏威
夷豆，使用橡皮刮
刀攪拌勻稠。

3. 將作法 2 的餅乾糊鋪平,用茶匙塑形成一小圓形,使用按壓棒按壓於矽利康片上,按壓時須留點厚度 (約 0.2 公分)。

4. 將作法 3 送入烤箱,以 170 ／ 170°C 烘烤 20 ～ 30 分鐘後即可。

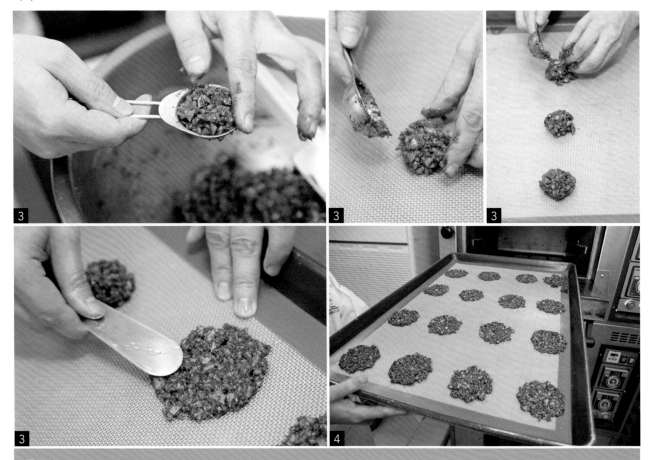

Tips
•作法 3 在將餅乾按壓於矽利康片時須留點空氣,可使用按壓棒沾點水再壓,使其不易沾黏餅乾糊。

Earl Gray Coffee cookie
伯爵咖啡餅乾

材料：

奶油 95g、細砂糖 60g、蛋黃 15g、低粉 130g、伯爵紅茶葉 9g、咖啡醬 4g

作法：

1. 奶油與細砂糖先打發，打發至稍微發白；倒入蛋黃、茶葉（需先將茶葉切碎）、低粉與咖啡醬，拌勻即成餅乾糊。

2. 餅乾糊冷藏後，加以滾圓。

3. 在白紙上倒入細砂糖，將餅乾外觀略微噴濕放在紙上沾裹上細砂糖，切成片狀，厚片約 0.6 ～ 0.7 公分 。

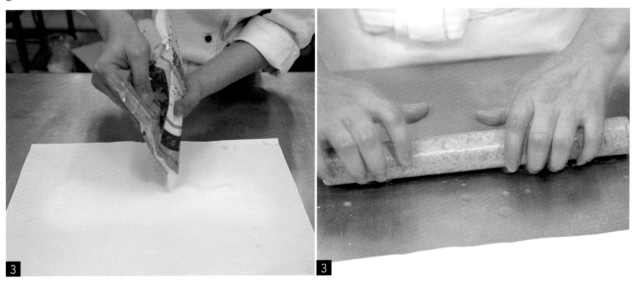

4. 將切好的餅乾糊整齊排入烤盤中,送進烤箱,
以 180 / 150°C 烘烤 15 ～ 20 分鐘。

Tips
•製作餅乾時,如要讓餅乾呈現奶酥口感,需加
入蛋黃打發;反之,若需要脆,製作時加入蛋
白即可。

Tart & Pie 派塔

酥脆鬆軟的餅皮包裹著各種香濃軟滑的餡料，集聚多層次的口感，口口都是驚奇，充滿令人允指回味的魅力。

Pumpkin Almond Pie
南瓜杏仁派

材料：

內餡

奶油 500g、蛋黃 20 顆、低粉 150g

豆蔻粉 1 匙、肉桂粉 1 匙、南瓜泥 500g

蛋白 100g、杏仁片 200g、肉桂粉 2g

細砂糖 450g（分為 A 250g、B 200g）

塔皮

杏仁塔皮 2 個（作法詳見 p.54 ～ 57）

作法：

內餡

1. 將奶油、細砂糖 A 略為打發後，分次加入蛋黃拌打。

2. 作法 1 中加入南瓜泥拌勻，低粉、荳蔻粉、肉桂粉混和，拌打至表面光滑，即為內餡。

3. 將內餡放入塔皮中，用刮刀加以抹平。

內餡

4. 蛋白、細砂糖B放入容器中加以拌勻後，加入杏仁片、肉桂粉攪拌。

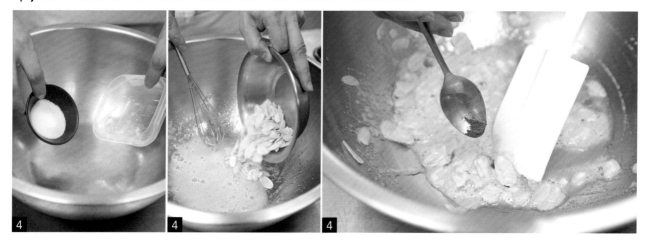

5. 將作法4的杏仁片鋪平於表面。送入烤箱，以200／200℃烘烤25分鐘後取出。

Tips
•在烤好的派周圍撒上糖粉，綴上開心果碎與玫瑰花瓣，中心處擺放巧克力片，作為裝飾。
•作法5中放上杏仁片時，需留意不要太濕，避免影響口感。

Strawberry Banana Crepe
草莓香蕉可麗餅

材料：

餅皮

細砂糖 75g、鹽 1g、全蛋 220g、牛奶 220c.c
沙拉油 100g、低粉 100g

內餡

草莓 適量、香蕉 1 條、藍莓 適量
卡士達醬 適量（作法詳見 p.39～41）

作法：

餅皮

1. 全蛋打散後、依次加入細砂糖、低粉、牛奶、沙拉油、鹽拌勻。

2. 將作法 1 的麵糊過篩，避免結粒，再略為攪拌消泡，靜置 2 小時。

3. 平底鍋熱鍋後,將麵糊倒入鍋中呈薄層狀,小火將麵糊烘煎至表皮紋路上色,即可起鍋。

組合:

4. 把未上色的餅皮面朝上,擠上卡士達醬,排放草莓、香蕉、藍莓,再擠卡士達醬後,將餅皮捲起,最後於邊緣塗上適量卡士達醬封口。

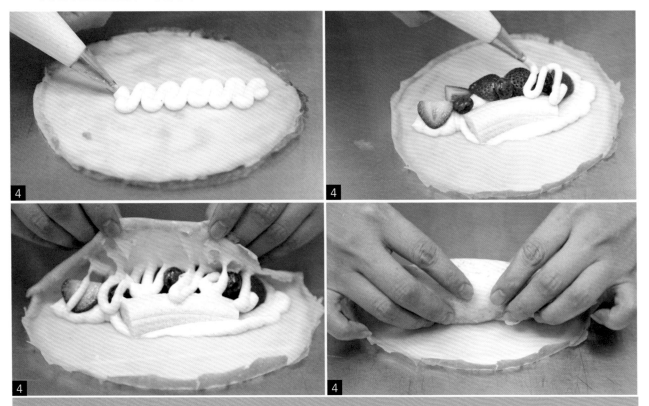

Tips
• 作法 2 中靜置 2 小時可讓麵糊乳化更完全,麵糊本身更均勻。
• 作法 3 煎可麗餅時鍋中不需加油,倒入麵糊後,小火烘煎至表皮紋路均勻上色即可。

Rizamande fruia Tart

理查曼地水果塔

材料：

內餡

奶油 125g、杏仁粉 125g、糖粉 125g、蛋 1 顆、
低粉 20g

塔皮

薄麵皮、烤過的椰子粉 適量、奶油 適量
卡士達醬 200g（卡士達醬作法詳見 p.39 ～ 41）

作法：

內餡

1. 奶油、杏仁粉、糖粉一同打發；蛋、低粉依次加入，分別拌勻後即為內餡。

2. 將薄麵皮裁成 10×10 公分，刷上奶油，撒上烤過的椰子粉。

3. 將薄麵皮疊成 3 層，重複動作，放入水果塔模中。

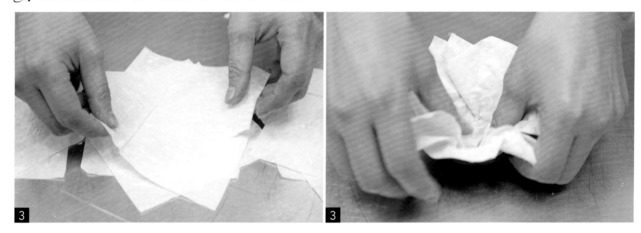

4. 將內餡裝入擠花袋後，擠入鋪好的薄麵皮中，送入烤箱，以 200 ／ 200℃ 烘烤 20 分鐘。

5. 自烤箱取出後待冷卻，擠上卡士達醬，撒上糖粉。

裝飾：

6. 杏桃以噴槍燒烤上色後擺上，再放上草莓、無花果、黑莓、紅醋栗、裝飾上香草莢，即完成。

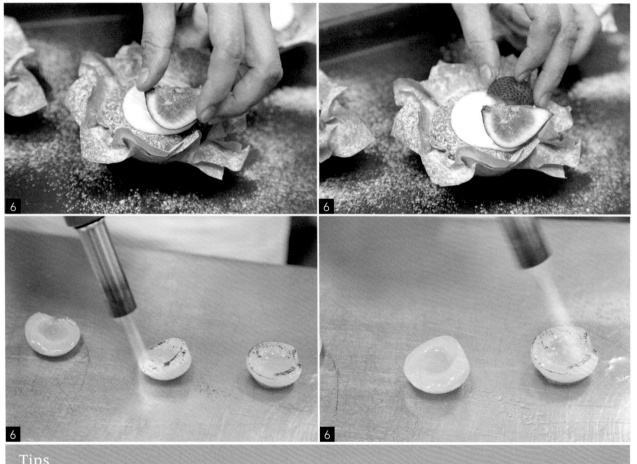

Tips
•薄麵皮用完後需將剩餘部分立即封起，避免乾掉。

Caramel Apple Pie
焦糖蘋果派

材料：

杏仁奶油餡

奶油 100g、糖粉 80g、蛋 55g、蛋黃 20g、香草籽 3g、杏仁粉 120

糖炒蘋果餡

奶油 35g、蘋果丁 350g、檸檬汁 10c.c、細砂糖 30g、白酒 10c.c

蘋果派表面

蘋果切片 1.5 顆、糖 20g
肉桂粉 20g、香草籽 50g
蛋黃 50g、杏仁塔皮 2 個
（杏仁塔皮作法詳見 p.54 ～ 57）

作法：

杏仁奶油餡

1. 奶油、糖粉、香草籽放入容器中一同打發。

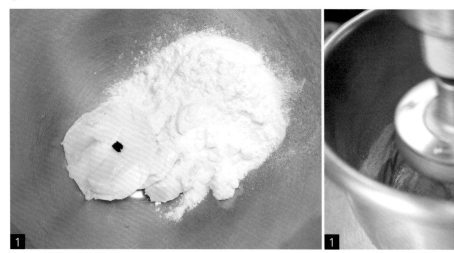

2. 蛋、蛋黃分次加入作法 1 拌打，再加入杏仁粉拌勻後，即為杏仁奶油餡。

蘋果餡

3. 奶油、細砂糖放入鍋中，小火慢煮成焦糖。

4. 蘋果丁加入作法 3 炒軟，至竹籤可輕易刺入的程度。

5. 加入白酒、檸檬汁同煮，拌勻後收汁成濃稠狀時關火，倒入盤中，即為蘋果餡。

組合：

6. 將杏仁奶油餡裝入擠花袋，以繞圈方式擠入塔皮中。

7. 在作法 6 上將蘋果餡均勻鋪上後，再擠上杏仁奶油餡。

8. 表面整齊排放蘋果片，先塗抹一層奶油，待表面乾後塗上蛋黃；送入烤箱，以 200 ／ 200℃ 烘烤 25 ～ 30 分鐘，至表面上色。

Cheese 起士

最單純的味覺幸福非起司蛋糕莫屬，整個糕體充滿綿密濕潤的起司，味道非常濃郁，搭配上不同的醬料與裝飾，真是令人回味無窮。

Pumpkin Cheese

南瓜起士

材料：

內餡

奶油起士 600g、細砂糖 160g、全蛋 3 顆
南瓜泥 360g、酸奶 40g、肉桂粉 2g
低粉 18g、香橙酒 40c.c

餅乾底

消化餅 200g、奶油 120g、核桃 50g

作法：

餅乾底

1. 消化餅壓碎，奶油融化後加入餅乾碎中拌勻，核桃切碎後也加入拌勻。

2. 在圓形模框底部包覆保鮮膜，將作法 1 平鋪烤模底部，並加以壓實。

起士餡

3. 奶油起士分成小塊，捏軟後放入攪拌盆中，加入細砂糖，拌打至表面滑順。

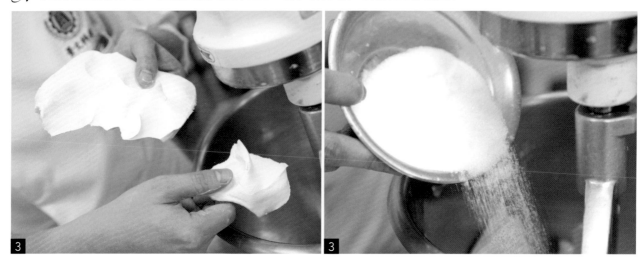

4. 全蛋、南瓜泥、酸奶、低粉、荳蔻粉、香橙酒分別加入作法 3 中，並依次攪拌均勻。

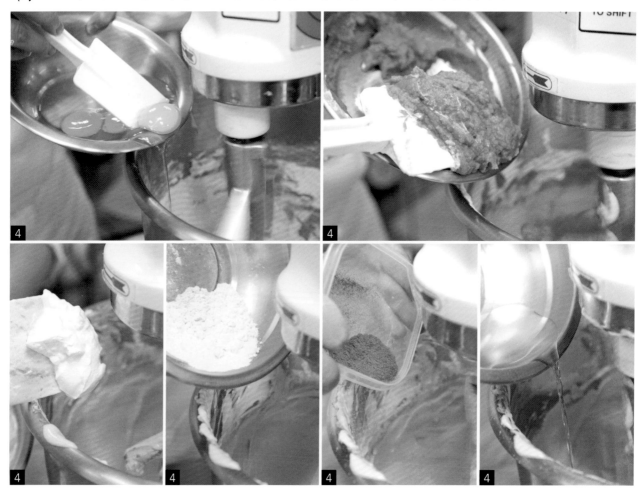

5. 起士餡放入餅乾底的烤模中，送入烤箱，以 140 ／ 140℃ 烘烤 50 ～ 60 分鐘，即可取出。

裝飾：

6. 烤好的蛋糕取出後，先在表面刷上鏡面果膠；另外以食用色素加入果膠中調出焦糖色，淋到蛋糕上，再輕
輕抹開。

7. 將杏仁膏搓揉至軟，以食用色素染色後加以塑形成南瓜狀，裝飾到蛋糕上；再點綴開心果，放上糖片。

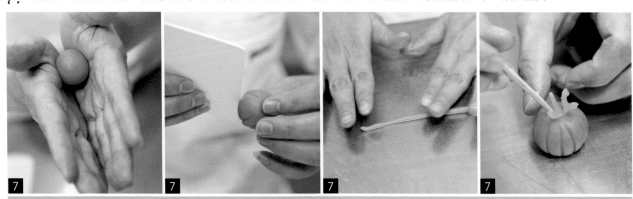

Tips
• 因南瓜泥的水分較多，故在起士餡中加入低粉，避免烤好的蛋糕過度濕軟。
• 此篇章所用的烤模為 6 吋，故烤溫為 140 ／ 140℃；若使用 8 吋烤模，則為 150 ／ 140℃。

Banana Coffee Cheese

香蕉咖啡起士

材料：

起士餡

奶油起士 500g、全蛋 175g、咖啡醬 10g
鮮奶油 30g、香蕉 1 根
細砂糖 135g（分為 A 105g、B 30g）

餅乾底

消化餅 200g、奶油 120g

作法：

餅乾底

1. 消化餅乾壓碎，奶油加熱融化後，加以拌勻倒入壓碎的消化餅中。
2. 在圓形模框底部包覆保鮮膜，將作法 1 平鋪烤模底部，並加以壓實。

起士餡

3. 奶油起士分成小塊，捏軟後放入攪拌缸中，加入細砂糖，拌打至表面滑順。

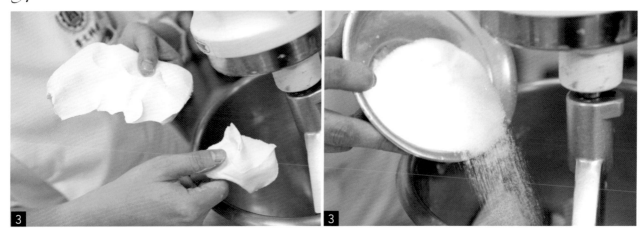

4. 全蛋分次加入拌勻，再分別倒入咖啡醬、鮮奶油，依次攪拌。

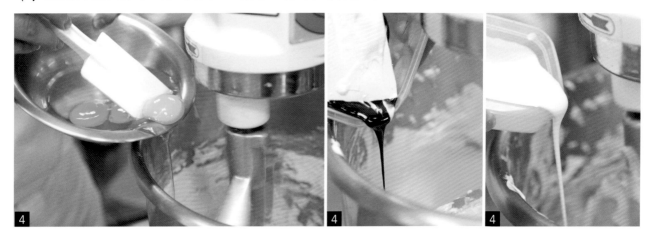

5. 起士餡放入餅乾底烤模中，送入烤箱，以 140 ／ 140℃ 烘烤 50 ～ 60 分鐘，即可取出。

6. 脫模時可略壓蛋糕,使之透氣,再輕刮模框邊緣,可輕易脫模。

裝飾:

7. 蛋糕側邊塗抹鏡面果膠,黏貼上杏仁片。

8. 在蛋糕表面亦塗上一層鏡面果膠後,另外將咖啡醬與果膠調和,以湯匙淋於蛋糕表面,再輕輕抹開。

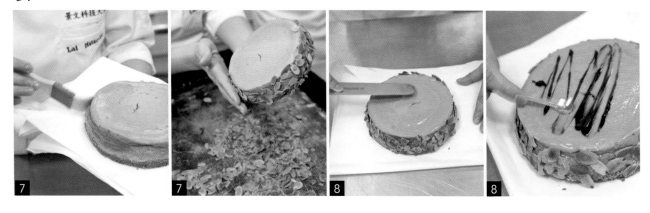

9. 香蕉切小段,均勻沾裹細砂,以噴槍約略燒烤上色後,平鋪蛋糕表面,再裝飾上巧克力與咖啡豆。

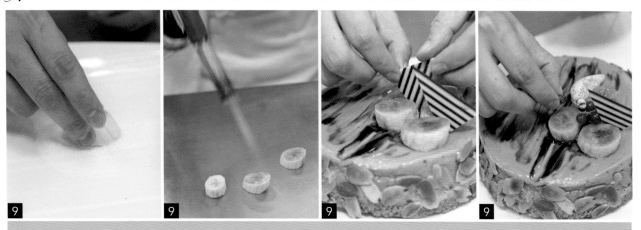

Tips
•作法 4 中拌打奶油起士與細砂糖,至表面滑順即可,若打太發,烤好的蛋糕容易裂開。

材料：

起士餡

奶油起士 700g、細砂糖 150g、全蛋 3 顆、蛋黃 1 顆
酸奶 100g、58% 巧克力 200g

巧克力塔皮

奶油 65g、細砂糖 50g、低粉 150g
可可粉 20g、全蛋 1 顆

作法：

巧克力塔皮

1. 奶油、細砂糖放入攪拌缸中，略為打勻後，加入全蛋拌勻。

2. 將低粉、可可粉混合加入作法 1 拌勻，手揉成團後放入袋中，略為壓扁，冷藏 3 小時。

3. 取出冷藏後的餅皮，撒上高粉後擀平，以框模壓形做底，備用。

起士餡

4. 將奶油起士分成小塊，捏軟後放入攪拌容器中，加入細砂糖，拌打至表面滑順；再將全蛋、蛋黃分次加入拌勻。

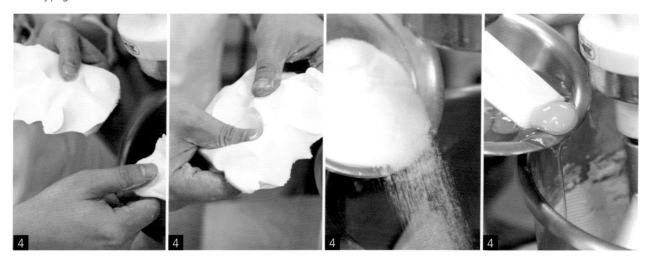

5. 巧克力隔水加熱融化後，加入作法 4 拌勻，再加入酸奶拌打。

  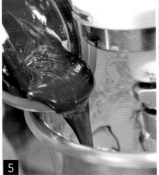 

6. 將起士餡放入餅皮烤模中，送入烤箱，以 150 ／ 150℃ 烘烤 50 ～ 60 分鐘，即可取出。

7. 烤好的蛋糕淋上巧克力，加以抹平。

裝飾：

8. 作法 7 放上酒釀櫻桃，將融化的巧克力裝入擠花袋中，在轉印紙上擠出花樣，待巧克力凝固後取下，把轉印上花紋的巧克力裝飾到蛋糕上。

9. 擺上酒釀櫻桃、草莓、巧克力。

Tips
•巧克力隔水加熱時，開最小火即可，水溫不超過 80℃。過程中需不斷攪拌，以受熱均勻，當巧克力融至剩下少許顆粒狀時，即可關火，用手拌勻。

Mint Lemon Cheese

薄荷檸檬起士

材料：

起士餡

奶油起士 600g、細砂糖 150g、全蛋 150g、薄荷醬 5g
薄荷酒 15c.c、酸奶 120g、動物鮮奶油 60g
碎黑巧克力 50g

餅乾底

消化餅乾 200g、奶油 100g

作法：

餅乾底

1. 壓碎消化餅製作餅乾底。（作法詳見 p.153）

起士餡

2. 奶油起士分成小塊，捏軟後放入攪拌盆中，加入細砂糖，拌打至表面滑順。（作法詳見 p.154，作法 3）

3. 作法 2 中加入鮮奶油、酸奶、薄荷醬、薄荷酒、攪拌均勻後，再加入巧克力拌勻。

4. 將起士餡放入壓了餅乾底的烤模中，送入烤箱，以 150／150℃ 烘烤 50～60 分鐘，即可取出。

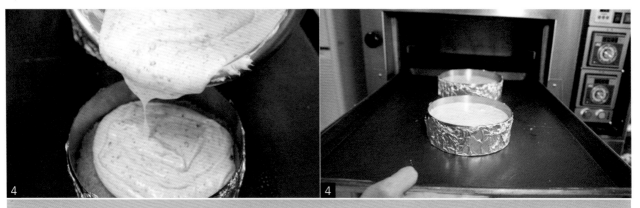

Tips
•烤好的蛋糕表面塗抹鏡面果膠，可擺上紅醋栗與薄荷葉裝飾。

Cherry Cheese
櫻桃起士

材料：

起士餡

奶油起士 600g、細砂糖 120g、全蛋 3 顆

酸奶 50g、蛋黃 1 顆、玉米粉 20g、檸檬皮 1/2 顆

餅乾底

消化餅乾 200g、奶油 100g

作法：

餅乾底

1. 將消化餅乾壓碎，奶油加熱融化後，倒入壓碎的餅乾中，加以拌勻。

$\mathcal{2}.$ 在圓形模框底部包覆保鮮膜，將作法 1 平鋪烤模底部，並加以壓實。

起士餡

$\mathcal{3}.$ 奶油起士分成小塊，捏軟後放入攪拌缸中，加入細砂糖，攪拌至表面滑順。

4. 全蛋、蛋黃分次加入拌勻，酸奶、玉米粉、檸檬皮分次加入。

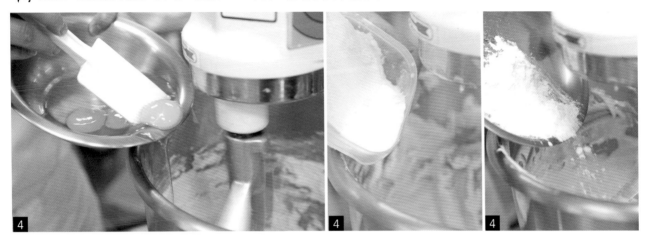

5. 將起士餡放入餅乾底的烤模中，送入烤箱，以 150 ／ 150℃ 烘烤 50 ～ 60 分鐘，即可取出。
6. 烤好的蛋糕塗抹鏡面果膠，在側邊黏上開心果碎，塗上櫻桃醬後，擠上鮮奶油，再擺放藍莓、巧克力片，中心處點綴開心果碎。

Tips
•檸檬皮可增添蛋糕的清香，刮取時需留意不要刮到白色的部分，避免食用時嘗到苦味。

Ricotta Cheese

低脂瑞可達起士塔

材料：

瑞可達

瑞可達 190g、鮮奶油 50g、細砂糖 40g、蛋黃 1 顆
吉利丁片 5g、打發的動物鮮奶油 110g
葡萄乾 25g、蘭姆酒 15c.c、柳橙皮 1/2 顆

沙布蕾（基底）

低粉 50g、高粉 50g、細砂糖 90g、杏仁粉 100g
海鹽 1g、無鹽奶油 30g

作法：

瑞可達

1. 瑞可達起士、細砂糖、鮮奶油放入鍋中，隔水加熱以小火拌煮至 80℃ 時關火，加入泡過冰水的吉利丁片。

2. 細砂糖與蛋黃略為打發，倒入作法 1 拌勻，再加入打發的動物鮮奶油。

3. 作法 2 中放入柳橙皮、蘭姆酒、葡萄乾加以拌勻後，倒入擠花袋備用。

沙布蕾

4. 將無鹽奶油、細砂糖、榛果醬、海鹽、杏仁粉、低筋與高筋麵粉均勻混合。

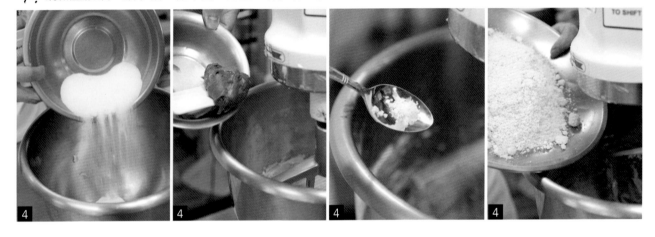

5. 把作法 1 用手拌勻成團狀，放進冷藏約 1 小時取出，放進烤箱以 180／180℃ 烘烤 15 分鐘，取出後放至微硬再炒，在烤盤上炒（每 5 分鐘炒一次），炒至似消化餅為止即完成。

6. 把完成的沙布蕾倒入模框中，以包覆保鮮膜的擀麵棍壓平；再擠入瑞可達餡，用抹刀整型，放進冰箱冷藏。

7. 取出後在表面塗上鏡面果膠；用噴槍微噴模框，使其較易脫模；將起士塔放置盤中 。

裝飾：

8. 擺上糖片、草莓、藍莓、奇異果及微烤過的水蜜桃片，刷上鏡面果膠。

Chocolate 巧克力

手工巧克力就如同情人般的美好，是那麼地香濃、甜蜜，那甜到心坎裡的好滋味足以讓人細細品嘗、回味。

Truffe Chocolate
松露巧克力

材料：

55% 巧克力 280g、轉化糖漿 45g、動物鮮奶油 230g、奶油 45g、防潮可可 適量

作法：

1. 動物鮮奶油加熱，再加入轉化糖漿，沖入 55% 巧克力中拌勻。
2. 將作法 1 倒入奶油，倒入烤盤中，放進冷凍約 2 小時。

3. 從冷凍取出後，將其切小塊，搓成圓球狀，表面均勻沾裹過篩的可可粉即成松露巧克力。

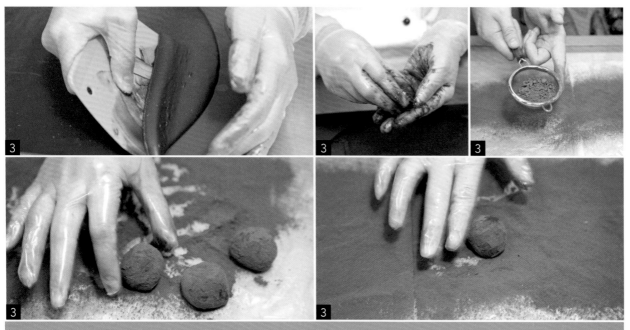

Tips
•作法 3，倒入奶油後也可用均質機打至光滑，較不會產生氣孔。

Sacher
沙哈巧克力

材料：

糕 體

奶油 200g、蛋黃 224g、苦甜巧克力 221g
蛋白 448g、低粉 200g
細砂糖 360g（分為 A 72g、B 288g）

巧克力奶油霜

奶油霜 250g（作法詳見 p.42 ～ 44）
加拿許 300g（作法詳見 p.36 ～ 38）

作法：

糕 體

1. 將慕斯框模包上鋁箔紙。

2. 奶油、細砂糖 A 放入容器中打發，把蛋黃分次加入打發。

3. 苦甜巧克力隔水加熱融化，分次加入的作法 2 中拌勻。

4. 蛋白與細砂糖 B 打至濕性發泡，拌入作法 3。

5. 低粉慢慢加入作法 4 拌勻後入模（約 8 分滿）畫圓抹平，送入烤箱，以 180／170℃ 烘烤 50 ～ 60 分鐘。

巧克力奶油霜

6. 加拿許加入奶油霜中拌勻，即為巧克力奶油霜。

7. 從烤箱取出烤好的巧克力蛋糕放於旋轉盤上，上層抹上巧克力奶油霜，再放上一片蛋糕。

8. 重複以上動作 1 次，最後將巧克力奶油霜均勻塗抹於蛋糕體的表面及側面，放入冷藏約 1 小時。

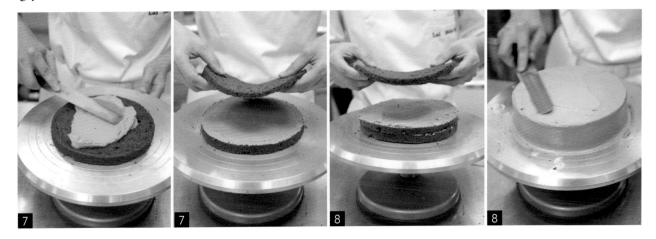

9. 取出冷藏後的蛋糕放於鐵架上，淋上剛剛製作的苦甜巧克力醬，從周圍往中心淋，後輕震鐵架使氣孔消失，也可用竹籤刺破氣孔，放入冷藏。

裝飾：

10. 從冷藏櫃中取出蛋糕後，將麥粒爆米花沾邊，使用苦甜巧克力醬寫字，擺上貼上金箔的馬卡龍，與刷上色粉的巧克力片，撒上色粉，最後放上巧克力球。

Black Merry Chocolate
經典黑瑪莉

材料：

奶油 200g、熱水 100c.c、可可粉 60g、小蘇打粉 3g、動物鮮奶油 130g

肉桂粉 3g、鹽 1g、香草精 1g、低粉 190g、蛋黃 40g、蛋白 80g、細砂糖 270g（分為 A 230g、B 40g）

作法：

1. 奶油、肉桂粉、鹽、小蘇打粉、細砂糖 A 及香草精放入容器中打發，備用。

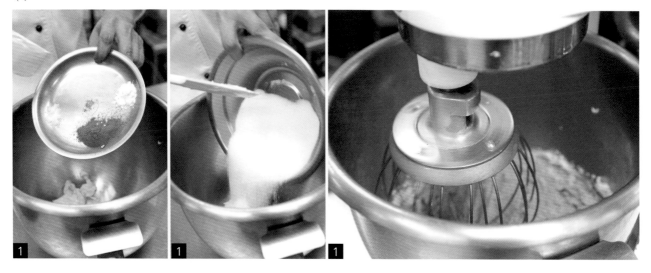

2. 可可粉倒入熱水中拌勻，加入動物鮮奶油攪拌，備用。

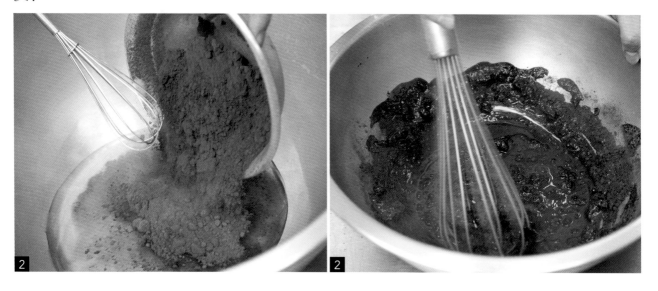

3. 作法 2 分次加入作法 1 中，分次拌匀，後倒入蛋黃。

4. 低粉加入作法 3 中，拌匀至呈現麵糊狀。

5. 蛋白、細砂糖 B 打至濕性發泡，拌入麵糊中。

6. 作法 5 入模，整形，且輕敲模具打出空氣，送進烤箱，先以 200 ／ 180℃ 烘 烤 10 分 鐘，再用 150 ／ 150℃ 烘烤 30 分 鐘即可。

Tips
•將烤好的蛋糕表面擺上不同顏色的馬卡龍、各種水果與巧克力，再撒上糖粉作為裝飾。

Hazelnut Chocolate
榛果巧克力磚

材料：

巧克力蛋糕
杏仁膏 250g、蛋黃 235g、低粉 75g、可可粉 30g
蛋白 190g、細砂糖 100g、融化奶油 65g

榛果巧克力醬
榛果醬 20g、加拿許 200g
（加拿許作法詳見 p.36 ～ 38）

作法：

巧克力蛋糕

1. 將杏仁膏、蛋黃一同打發至呈現白色；融化奶油煮至焦化。

2. 將蛋白、細砂糖打至濕性發泡。

3. 把作法 2 加入作法 1 中拌勻，再倒入低粉與可可粉攪拌。

4. 融化奶油加入作法 3 拌勻，放入盤形烤盤，用橡皮刮刀鋪勻抹平後，以 200 ／ 180℃ 烘烤 20 ～ 25 分鐘。

榛果巧克力醬

5. 榛果醬加入加拿許打發成霜狀即為榛果巧克力醬，裝入擠花袋備用。

組合：

6. 取出烘烤完的蛋糕切成長條狀，寬約 4 公分。將榛果巧克力醬擠於切成條狀的蛋糕上，且均勻抹平。

7. 重複以上動作 3 次再疊上蛋糕後，將其切成 4×4 公分的方塊狀。

裝飾：

8. 作法 6 完成後，在表面擠上榛果巧克力醬，擺上巧克力脆片，撒上糖粉，放上塗鏡面果膠的草莓與藍莓，最後插上巧克力即完成。

Tips
• 作法 8 中的巧克力脆片作法同於「鑽石巧克力球」的巧克力脆片餡。（詳見 p.203）

Chocolat Lava
熔岩巧克力

材料：

72% 黑巧克力 65g、64% 黑巧克力 65g、奶油 125g、細砂糖 75g、上白糖 75g

低粉 80g、玉米粉 23g、全蛋 165g、烤盤油 適量

作法：

1. 把兩種巧克力隔水加熱融化，加入奶油後備用。

2. 將細砂糖、上白糖加入作法 1 拌勻，再加入低粉、玉米粉及全蛋，倒入擠花袋中備用。

3. 烤模噴灑烤盤油後，把作法 2 的巧克力糊擠入模中（約 8 分滿），冷凍 3 小時候再送入烤箱，以 240／220°C 烘烤 7～8 分鐘後，將烤模轉向，再烘烤 2 分鐘。

4. 烘烤完畢須立即脫模，避免中間塌陷。

裝飾：

5. 將湯匙加熱後，挖一杓馬斯卡彭起士擺上作為裝飾，再撒上可可粉及放紅醋栗。

Diamond Chocolate
鑽石巧克力球

材料：

鑽石糖
二號砂糖 200g、色粉 適量、白巧克力 適量

巧克力脆片
榛果醬 100g、牛奶巧克力 70g、薄餅脆片 80g

內餡
覆盆子果泥 50g、鮮奶油 40g、葡萄糖漿 15c.c、
64% 巧克力 200g、奶油 30g

作法：

內餡

1. 鮮奶油、覆盆子泥、葡萄糖漿放入鍋中，小火煮沸攪拌後關火，冷卻至 45℃ 後再倒入融化的牛奶巧克力（隔水加熱）中，拌勻，倒入擠花袋備用。

2. 牛奶巧克力放入容器中隔水加熱融化，加入榛果醬拌勻，再倒入薄餅脆片攪拌，將餡料鋪於烤盤紙上，用抹刀抹平，放入冷藏，冷藏後切成小片備用。

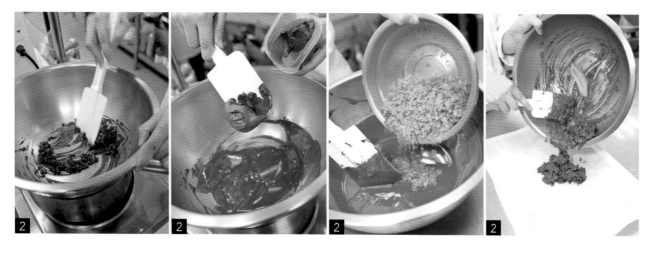

鑽石糖

3. 將二號砂糖、色粉（紫色、黃色）加以混和過篩備用，靜置一會更顯色。

4. 白巧克力隔水加熱融化。

組合：

5. 在巧克力空心殼中放入 2 片巧克力脆片；擠入內餡，約擠至 9 分滿（預留空心殼封口空間），將殼中的空氣敲出；再擠入 64% 巧克力醬封口。

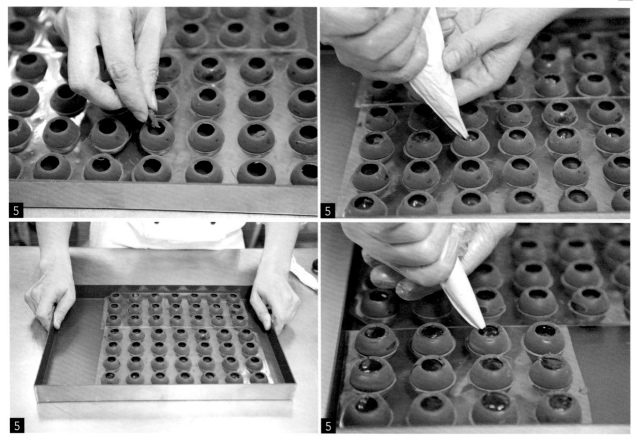

裝飾：

6. 作法 5 冷藏 3 小時後取出，外殼淋上白巧克力，沾裹鑽石糖，再放入 15℃ 中保存即成。

Tips
• 巧克力空心殼為現成品，可於食品材料行購得。
• 作法 6，白巧克力不可殘留太多在巧克力球上，避免沾裹糖粉時變形。
• 製作過程中，若融化的巧克力溫度太高，可多加巧克力降溫。

Macaron 馬卡龍

富有「少女酥胸」美名的馬卡龍，不僅色彩繽紛，在圓潤光滑的外表下還有一圈漂亮的蕾絲裙，夾著不同口味的餡料，真是華麗誘人。

Coffee Hazelnut Macaron
咖啡榛果馬卡龍

材料：

外殼

蛋白 110 g、糖 180g、杏仁粉 130g

糖粉 130g、咖啡濃縮醬 30g、色粉 適量

內餡

濃縮咖啡 35g、純榛果醬 10g

35% 牛奶巧克力 105g、62% 黑巧克力 55g

焦化杏仁片（碎）10 g、無糖鮮奶油 70g

作法：

外殼

1. 將蛋白和細砂糖隔水加熱至 45℃。

2. 將蛋白打至濕性發泡，打發時間約 10 分鐘，讓溫度降至 35℃。打發至拉起時需有硬度，似鳥嘴狀。

3. 將杏仁粉與糖粉過篩，用手拌勻，加入濃縮咖啡，攪拌時勿太硬或太稀，不好成形，攪拌成流動狀即可。

外 殼

4. 將作法 3 裝入擠花袋，在烤盤上鋪上矽利康片分別擠成 10 元硬幣大小，在放上杏仁片及黑芝麻。

5. 將烤盤送入烤箱，先以 150 ／ 140℃ 烘烤 9 分鐘，拉氣門（若無氣門，可開一小縫察看），再以上火 0℃ 烘烤 6 分鐘，讓水氣蒸發，馬卡龍口感會較脆，殼較乾。

內餡

6. 將黑巧克力、牛奶巧克力隔水加熱融化至液狀；與榛果醬、濃縮咖啡醬及烤焦杏仁片一同拌勻備用。

組合：

7. 將內餡擠入烤好的馬卡龍中即可。

Tips

• 製作馬卡龍外殼時，蛋白和細砂糖需隔水加熱的原因為—糖化開，蛋回溫較易打發。

• 製作此馬卡龍外殼，一定要使用咖啡「濃縮醬」，避免水分過多，不酥脆。

• 裝飾時，可撒上杏仁片、爆米花或芝麻

Ricotta Cheese Macaron
香草瑞可達馬卡龍

材料：

外殼
蛋白 110g、糖 180g、杏仁粉 130g
糖粉 130g、香草籽 3g

內餡
蛋黃 40g、細砂糖 75g、水 20c.c
奶油起士 100g、奶油 100g、果膠粉 10g
瑞可達起士 100g、香草籽 少許

作法：

外殼

1. 蛋白和細砂糖隔水加熱至 45℃。

2. 蛋白打至濕性發泡，打發時間約 10 分鐘，讓溫度降至 35℃。打發至拉起時需有硬度，似鳥嘴狀。

3. 杏仁粉與糖粉過篩加進作法 2，用手拌勻，加入香草籽，拌勻成流動狀。

4. 作法 3 裝入擠花袋，在烤盤上鋪上矽利康片，擠成 10 元硬幣大小。

5. 烤盤送烤箱，以 150 ／ 140℃ 烘烤 9 分鐘，拉氣門 (若無氣門，可開一小縫察看)，再以上火 0℃ 烘烤 6 分鐘後取出。

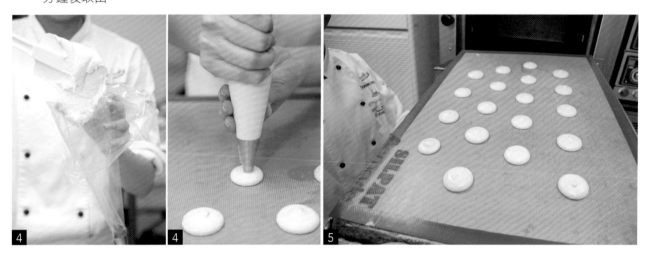

內餡

6. 蛋黃打發。

7. 細砂、水一同煮沸至 118℃，倒入打發蛋黃中，蛋黃需打發至乳沫狀。

8. 將瑞可達起士、奶油起士加入作法 7，一同打發。

9. 倒入果膠粉，使作法 8 凝固成膠狀；將香草籽加入拌勻，即成內餡。

組合：

10. 在馬卡龍的外殼塗上金粉，作為裝飾，且將內餡擠入烤好的馬卡龍中。

Pistachio Caramel Macaron
開心果焦糖馬卡龍

材料：

外殼

蛋白 110 g、細砂糖 180g、杏仁粉 130g
糖粉 130g、色粉 適量

內餡

細砂 175g、水 38c.c、動物鮮奶油 95g
吉利丁 5g、開心果醬 45g、奶油 30g
杏仁酒 5g

作法：

外殼

1. 將蛋白和細砂糖隔水加熱至 45℃。

2. 蛋白打至濕性發泡，打發時間約 10 分鐘，讓溫度降至 35℃。打發至拉起時需有硬度，似鳥嘴狀。
3. 將杏仁粉、糖粉加入作法 2 拌勻，加入綠色色粉成攪拌成流動狀。

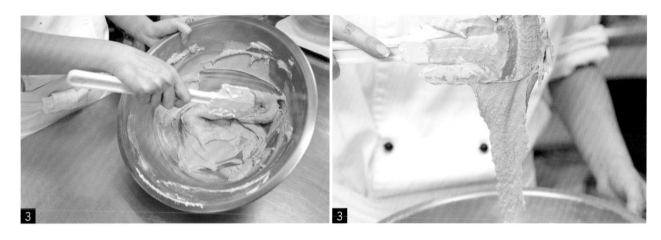

4. 將作法 3 裝入擠花袋，在烤盤上鋪上矽利康片擠成 10 元硬幣大小，放上開心果。

5. 將烤盤送入烤箱，先以 150 ／ 140℃ 烘烤 9 分鐘，拉氣門 (若無氣門，可開一小縫察看)，再以上火 0℃ 烘烤 6 分鐘後取出。

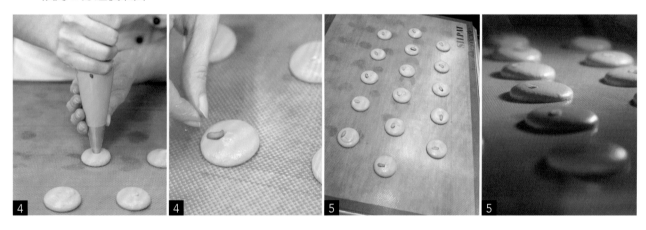

內餡

6. 將細砂糖、水煮至焦化，再加入鮮奶油拌勻，倒入開心果醬。

7. 吉利丁泡冰水軟化後，再將奶油、杏仁酒一同加入，拌勻後即成內餡。

組合：

8. 將內餡擠入烤好的馬卡龍外殼中即完成。

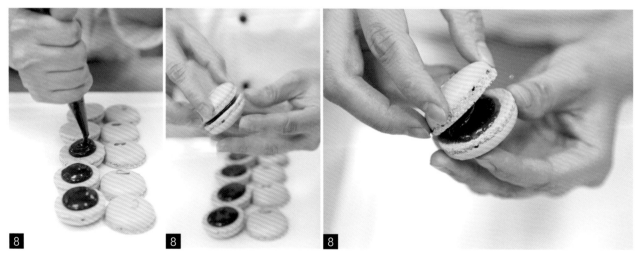

Lemongrass Mango Macaron
檸檬草芒果馬卡龍

材料：

外殼
蛋白 110 g、細砂糖 180g、杏仁粉 130g、糖粉 130g、色粉 適量

內餡
芒果果泥 100g、細砂糖 15g、水 35c.c、檸檬草 3g、吉利丁片 5g、奶油 10g

作法：

外殼

1. 將蛋白和細砂糖隔水加熱至 45℃。

2. 蛋白打至濕性發泡，打發時間約 10 分鐘，讓溫度降至 35℃。打發至拉起時需有硬度，似鳥嘴狀。

3. 將杏仁粉、糖粉加入作法 2 拌勻，加入黃色色粉成攪拌成流動狀。

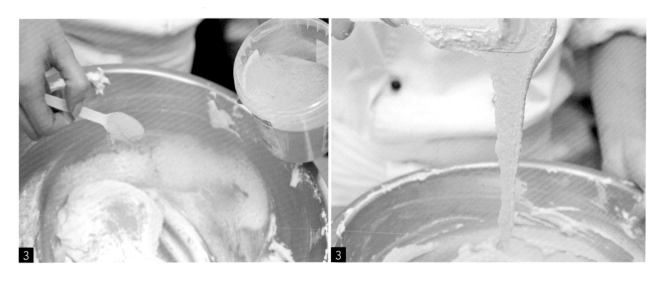

4. 將作法 3 裝入擠花袋,在烤盤上鋪上矽利康片分別擠成 10 元硬幣大小,擺上檸檬草。

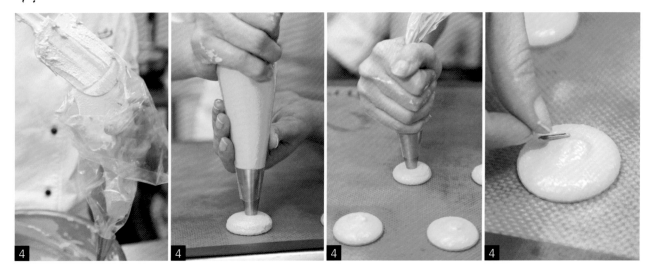

5. 將烤盤送入烤箱,先以 150 / 140℃ 烘烤 9 分鐘,拉氣門(若無氣門,可開一小縫察看),再以上火 0℃ 烘烤 6 分鐘後取出。

內餡

6. 鍋中放入細砂糖、水、芒果泥一同煮沸。

7. 加入檸檬草約略攪拌後關火，悶一下，使其味道釋放出來。

8. 作法 7 中加入吉利丁片與軟化奶油，再將檸檬草過濾掉，保留香氣即可，拌勻後冷藏 3 小時呈現稠狀，即為內餡。

組合：

9. 將內餡擠入烤好的馬卡龍外殼中。

Blueberry Apple Macaron
藍莓蘋果馬卡龍

材料：

外 殼
蛋白 110 g、細砂糖 180g、杏仁粉 130g
糖粉 130g、色粉 適量

內 餡
小藍莓醬 150g、蘋果切丁 60g、奶油 40g、
蘭姆酒 5c.c

作法：

外 殼

1. 將蛋白和細砂糖隔水加熱至 45℃。

2. 蛋白打至濕性發泡，打發時間約 10 分鐘，讓溫度降至 35℃。打發至拉起時需有硬度，似鳥嘴狀。

3. 將杏仁粉、糖粉加入作法 2 拌勻，加入紫色色粉成攪拌成流動狀。

4. 將作法 3 裝入擠花袋，在烤盤上鋪上矽利康片，擠成 10 元硬幣大小。

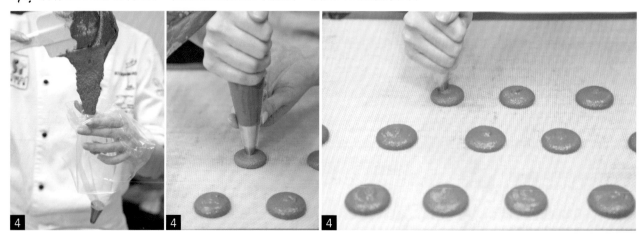

5. 將烤盤送入烤箱，先以 150 ／ 140℃ 烘烤 9 分鐘，拉氣門（若無氣門，可開一小縫察看），再以上火 0℃ 烘烤 6 分鐘後取出。

內餡
6. 小火融化奶油，加入蘋果丁提增香氣，拌炒至軟爛、收汁。
7. 藍莓醬、蘭姆酒炒好後，再加入作法 6 拌勻後，冷藏 3 小時成果凍狀，即為內餡。

組合：

8. 可將完成的馬卡龍外殼刷上銀粉作為裝飾，內餡擠入其中。

Raspberry Rose Macaron
覆盆玫瑰馬卡龍

材料：

外殼
蛋白 110g、細砂糖 180g、杏仁粉 130g、
糖粉 130g、色粉 適量

內餡
覆盆子果泥 175g、細砂糖 45g、水 55c.c、
吉利丁片 8g、玫瑰花釀 10g

作法：

外殼

1. 將蛋白和細砂糖隔水加熱至 45℃。

2. 蛋白打至濕性發泡，打發時間約 10 分鐘，讓溫度降至 35℃。打發至拉起時需有硬度，似鳥嘴狀。

3. 將杏仁粉、糖粉加入作法 2 拌勻，加入紅色色粉成攪拌成流動狀，填入擠花袋中。

4. 在烤盤上鋪上矽利康片，擠成 10 元硬幣大小，放上玫瑰花瓣。

5. 將烤盤送入烤箱，先以 150／140℃ 烘烤 9 分鐘，拉氣門（若無氣門，可開一小縫察看），再以上火 0℃ 烘烤 6 分鐘後取出。

內餡

6. 鍋中放入覆盆子果泥、水、細砂糖一同煮沸。

7. 作法 6 中加入泡軟後的吉利丁片、玫瑰花釀拌勻後，冷藏 3 小時成凍狀，為內餡。

組合：

8. 將先前製作香草瑞可達馬卡龍的剩餘內餡擠在烤好的馬卡龍外圍，內圍在擠入玫瑰餡即完成。

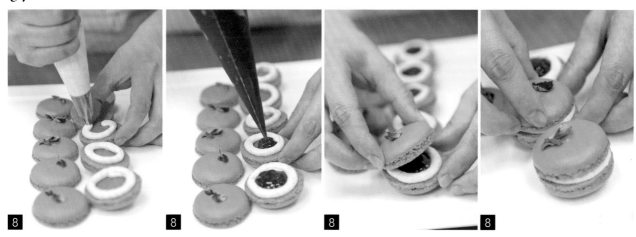

Mousse 慕斯

慕斯甜點的製作就像是藝術品般，總有許多新奇的創意，而那輕柔
細膩的質地，品嘗後清涼爽快油然而生。

Strawberry Couscous
Pudding Mousse
草莓米布丁慕斯

材料：

義大利米 160g、鮮奶 100c.c、細砂 25g、鹽 1g、草莓粉 30g、吉利丁片 18g
打發的動物性鮮奶油 240g、草莓醬 適量

作法：

1. 把義大利米、鮮奶、細砂糖、鹽放入鍋中，小火拌煮至糊化，放入草莓粉及吉利丁攪拌。

2. 將打發的動物性鮮奶油加入作法 1 中拌勻，即成草莓慕斯，倒入擠花袋備用。

組合：

3. 慕斯擠入高腳杯中，鋪上一層草莓醬後擠入慕斯；重複上述動作 2 次，完成後放入冷凍備用。

裝飾：

4. 取出冷凍後的草莓米布丁慕斯，在表面擺上一小球鮮奶油、薄荷葉與乾燥草莓粒。

Chocolate Raspberry Mousse

巧克力覆盆子慕斯

材料：

覆盆子果泥 300g、細砂糖 120g、吉利丁片 18g、苦甜巧克力 200g、動物性鮮奶油 180g
打發的動物性鮮奶油 600g、覆盆子酒 10c.c、冷凍覆盆子 100g、巧克力蛋糕 適量

作法：

1. 覆盆子果泥、細砂糖一同放入鍋中小火煮至 85℃，加入泡軟吉利丁片拌勻。

2. 動物性鮮奶油煮沸倒入巧克力，拌成巧克力醬，加入作法 1 中。

3. 最後將打發的動物鮮奶油拌入作法 2，再加入
   覆盆子酒攪拌均勻。

組合：

4. 在模型底部放入已切成適合模型的巧克力蛋糕，倒入慕斯，擺上數顆覆盆子後倒入一些慕斯，再
   放進巧克力蛋糕倒入慕斯，將其冷凍即完成慕斯蛋糕。

5. 製作覆盆子亮面果膠→將煮好的亮面果膠加入覆盆子泥，冰鎮拌勻。

6. 把脫模後的慕斯蛋糕放在鐵架上，由外圍往中間均勻淋上覆盆子果膠。

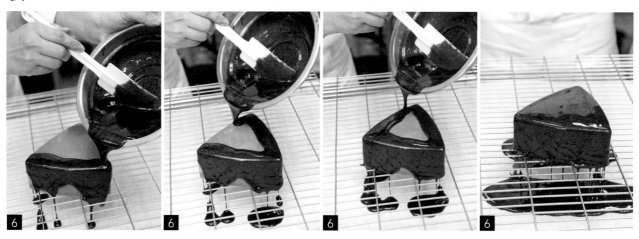

裝飾：

7. 將完成的慕斯蛋糕置於盤中，貼上裝飾用的巧克力片，擺上覆盆子，塗上鏡面果膠，放上開心果即完成。

231

Passion fruit Chocolate Mousse
百香果巧克力脆餅慕斯

材料：

百香果慕斯

百香果泥 300g、細砂糖 80g、吉利丁 8 片
水 40c.c、蛋白 45g、打發的動物性鮮奶油 300g
原味蛋糕 適量

脆餅

58% 巧克力 250g、榛果醬 200g
原味爆米花 100g

作法：

百香果慕斯

1. 　細砂糖、水一同放入鍋中，拌勻煮沸至 112℃；倒入百香果泥加熱至 85℃，放入吉利丁拌勻。

2. 加入打發鮮奶油及打發蛋白拌至均勻，倒入擠花袋備用。

脆 餅

3. 將巧克力隔水加熱融化，加入榛果醬加以拌勻。

4. 作法 3 中加入爆米花，拌勻後倒在烤盤紙上，用抹刀抹成薄片。

組合：

5. 慕斯餡倒入矽利康模型墊中，放上巧克力脆餅，再倒入慕斯，擺上 1 片蛋糕，擠入些許慕斯後放上 1 片蛋糕，後將其冷凍。

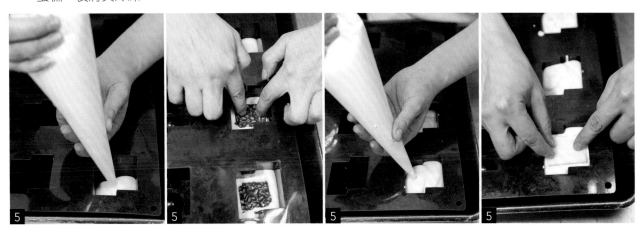

裝飾：

6. 將冷凍後的慕斯脫模後整形，撒上黃色色粉，放置盤中擠入百香果醬，擺上巧克力裝飾片及紅醋栗，再擠些許百香果醬於表面。

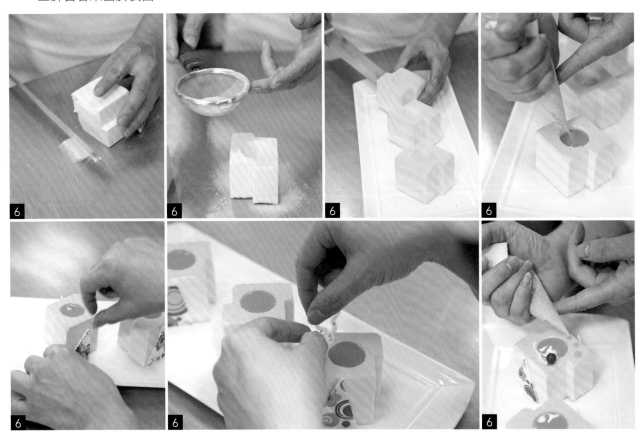

Green Tea And Pumpkin Mousse
抹茶南瓜慕斯

材料：

慕斯

南瓜泥 120g、糖粉 50g
打發的動物性鮮奶油 360g、吉利丁片 8 片

蛋糕

蛋黃 200g、全蛋 125g、蛋白 300g、低粉 50g
杏仁粉 250g、抹茶粉 50g、融化奶油 125g
細砂糖 300g（分為 A 200g、B 100g）

作法：

蛋糕

1. 蛋黃、全蛋、細砂糖 A 放入容器中一同打發。

2. 蛋白與細砂糖 B 打至濕性發泡，與作法 1 攪拌均勻。

3. 杏仁粉、抹茶粉、低粉加入作法 2 拌勻，再放入融化奶油攪拌。

4. 將作法 3 倒入舖有烤盤紙的烤盤中，以手指及橡皮刮刀整型，放烤箱，以 200／150°C 烘烤 15～20 分鐘後取出。
5. 抹茶蛋糕以圓模壓出圓形。

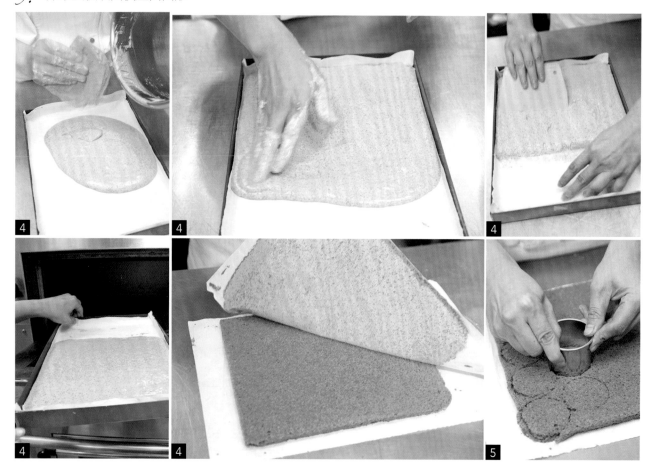

慕斯

6. 將南瓜泥、糖粉放入容器中拌勻加熱，吉利丁片一同放入。

7. 拌入打發的動物性鮮奶油即成南瓜慕斯，裝入擠花袋中備用。

組合：

8. 在矽利康模型墊中擠入慕斯，以小抹刀將模型墊周圍抹勻，放入 1 片抹茶蛋糕，再擠入慕斯與放 1 片蛋糕，將其冷凍。

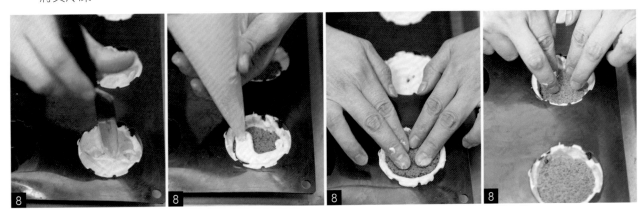

裝飾：

9. 取出冷凍後的慕斯蛋糕，脫模後撒上南瓜粉，擠上抹茶醬，點上食用金箔紙。

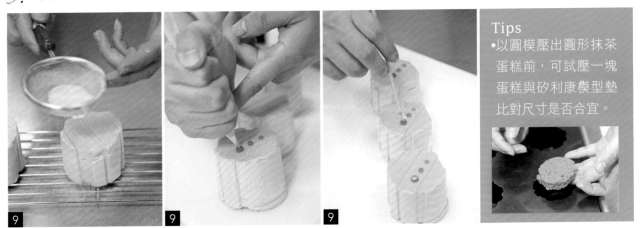

Tips
• 以圓模壓出圓形抹茶蛋糕前，可試壓一塊蛋糕與矽利康模型墊比對尺寸是否合宜。

Vanilla Mousse

香草菲柔慕斯

材料：

蛋黃 125g、鮮奶 310c.c、香草莢 1/2g、吉利丁片 25g、細砂糖 130g（分為 A 45g、B 85g）
打發的動物性鮮奶油 625g、薄麵皮 適量、海綿蛋糕 適量（海綿蛋糕作法詳見 p.45 ～ 47）

作法：

1. 鮮奶、細砂糖 A、香草豆莢放入鍋中，小火煮沸。

2. 蛋黃、細砂糖 B 倒於容器中，打發至呈現白色，加入作法 1 拌勻；將泡冰水後的吉力丁片放入其中。

3. 將打發的動物性鮮奶油一併拌入，攪拌均勻即成香草慕斯，裝入擠花袋中備用。

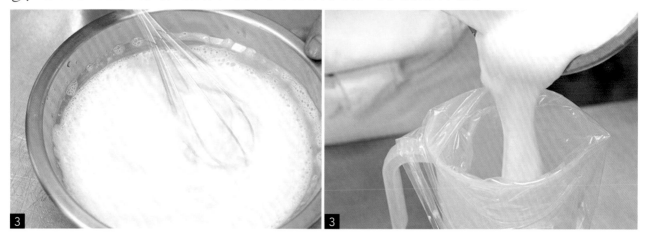

組合：

4. 先在模具中放上一片較厚的海綿蛋糕作為基底，擠些許慕斯後放進較薄片的蛋糕，再擠些許慕斯放片薄蛋糕，最後再擠慕斯，用抹刀將表面抹平放入冷凍即完成。

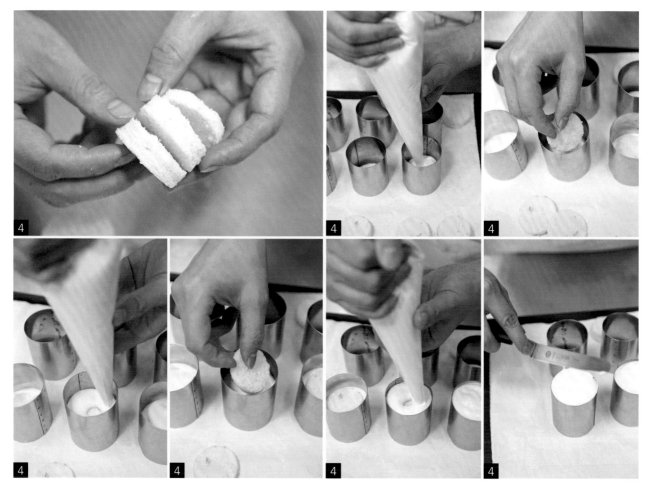

裝飾：

5. 取出冷凍過的慕斯蛋糕，脫模後捲上已剪成長條狀薄麵皮，以鮮奶油為黏著劑。

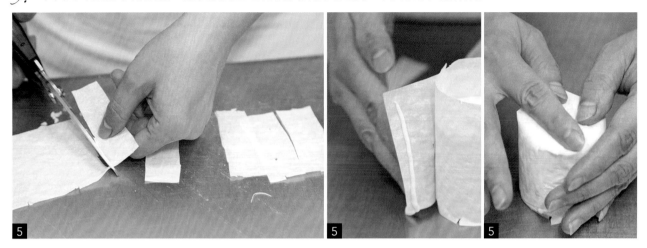

6. 作法 5 完成後，使用小片的薄麵皮摺成花瓣狀，裝飾頂部；最後用火槍為噴，使其增色。

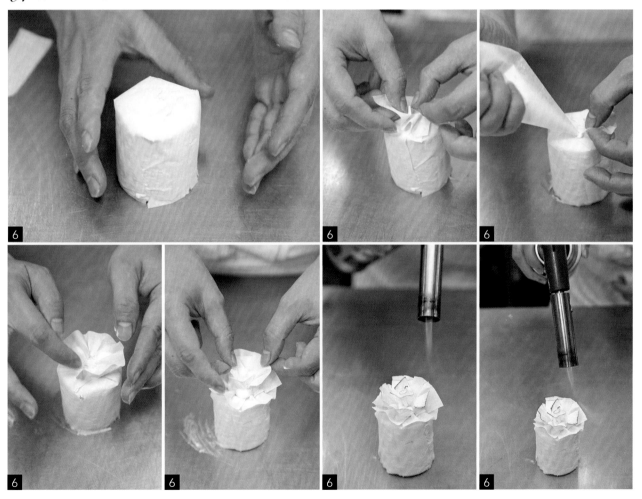

Litchi Rose Mousse
荔枝玫瑰慕斯

材料：

荔枝玫瑰慕斯

牛奶 75g、玫瑰花瓣醬 5g、玫瑰水 35c.c
紅石榴汁 30c.c、吉利丁片 12g、細砂糖 10g
打發的動物性鮮奶油 250g、荔枝果泥 100g
香草蛋糕 適量

覆盆子庫利

覆盆子醬 125g、玫瑰花瓣醬 3g、水 85c.c
吉利丁片 8g

作法：

荔枝玫瑰慕斯

1. 牛奶與細砂糖放入鍋中煮沸。
2. 將荔枝果泥、泡軟的吉利丁片放入作法 1 拌勻，加入玫瑰醬及紅石榴汁攪拌後過濾。

3. 將乾燥玫瑰花瓣加入熱開水，浸泡約 10 分鐘。玫瑰水過濾後倒入作法 2，與打發的動物性鮮奶油一起拌勻，備用。

覆盆子庫利

4. 覆盆子醬加水煮沸加入吉利丁片與玫瑰醬拌均勻，倒入圓形矽利康模型中，冷凍備用。

組合：

5. 將荔枝玫瑰慕斯倒入矽利康玫瑰模型中，可使用小湯匙將慕斯均勻塗抹於整個模型四周，放入冷凍後的
覆盆子庫利，再倒入慕斯，放上一小片香草蛋糕，完成後冷凍備用。

裝飾：

6. 煮亮面果膠，將煮好的亮面果膠加入色粉調勻至紅色。

7. 取出冷凍後的成品，脫模後放在鐵架上，淋上果膠放入盤中，慕斯周圍沾上乾燥玫瑰花瓣，擺上巧克力裝
飾與銀珠。

Tiramisu
提拉米蘇

材料：

提拉慕斯
蛋黃 65g、細砂糖 100g、水 50c.c、吉利丁片 10g
馬斯卡彭 500g、打發的動物性鮮奶油 500g

手指蛋糕
蛋黃 60g、鹽 2g、蛋白 120g
低筋麵粉 180g、玉米粉 20g
細砂糖 200g（分為 A 100g、B 100g）

作法：

手指蛋糕
1. 蛋黃、細砂糖 A 放入容器中一同打發。
2. 鹽、蛋白、細砂糖 B 一同打至濕性發泡後，分批拌入作法 1。

3. 低粉與玉米粉過篩後一同加入作法 2 拌勻。
4. 拌勻的麵糊倒入擠花袋中，在烤盤上擠成螺旋狀大小。

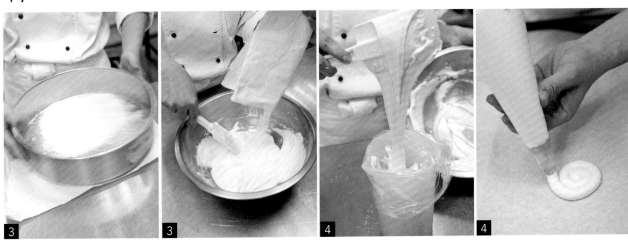

5. 將作法 4 撒上糖粉 ，烤盤送入烤箱，以 200 ／ 200℃ 烘烤 10 分鐘後取出。

提拉慕斯

6. 細砂糖、水放入鍋中，煮沸至 118℃。

7. 蛋黃打發後，加入作法 6 拌勻，放入吉利丁片。

8. 馬斯卡彭起士加入作法 7 中拌勻。

9. 把打發的動物性鮮奶油一同拌均勻，即成提拉慕斯，倒入擠花袋備用。

組合：

10. 杯中擠入提拉慕斯，放進手指餅乾，在餅乾上刷上咖啡酒；重複以上動作至滿於杯面，最後再用抹
刀將提拉慕斯抹平。（調製咖啡酒：將水 90c.c、糖 135g、咖啡 90c.c、卡魯哇咖啡酒 30c.c 及威士忌
30c.c 混合均勻即為咖啡酒。）

裝飾：

11. 撒上可可粉，擺上馬卡龍與塗上鏡面果膠的草莓及酒漬黑櫻桃，放入冷藏即完成。

•傳統的提拉米蘇只撒上可可粉，不會有任何裝飾。

Currant Coffee Mousse
黑醋栗佐咖啡慕斯

材料：

黑醋栗慕斯

黑醋栗果泥 250g、糖 120g、檸檬汁 10c.c
吉利丁 15g、打發的動物性鮮奶油 380g
巧克力蛋糕 適量

咖啡慕斯

牛奶 200g、香草豆莢 1/2 根、蛋黃 95g
細砂糖 150g、咖啡醬 20g、吉利丁片 8 片
打發的動物性鮮奶油 500g

作法：

黑醋栗慕斯

1. 黑醋栗果泥、糖放入鍋中煮熱。

2. 泡軟的吉利丁片加入作法 1 拌勻。

3. 鮮奶油打至 7 分發倒入鍋中，加進檸檬汁攪拌，放於擠花袋備用。

咖啡慕斯

4. 牛奶中加入香草豆莢一同煮沸。

5. 蛋黃、細砂糖放入容器中一同打發成泡沫狀。

6. 作法 4 與作法 5 拌匀，倒入裝有咖啡醬的容器中拌匀。

7. 鮮奶油打至 7 分發，加入作法 6 與加熱過的吉利丁片，攪拌均匀倒入擠花袋備用。

組合與裝飾：

8. 擠部分黑醋栗慕斯於矽利康模型底部，可使用抹刀將慕斯均勻塗抹整個模型周圍；放進 1 片巧克力蛋糕，擠入些許咖啡慕斯，再放入 1 片巧克力蛋糕，完成後放於冷凍備用。

9. 將黑醋栗果泥與 2 片吉利丁隔水加熱攪拌，後隔冰水待冷卻過篩。

10. 取出冷凍後的成品，脫模放於鐵架上，淋上作法 9，抹上脆餅置於盤中，擺上黑醋栗與刷上金粉的巧克力。

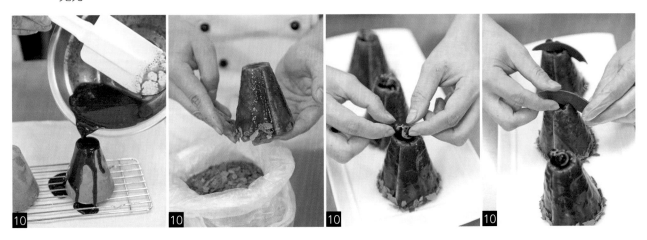

DESSERT QUEEN
甜點女王
50道不失敗的甜點祕笈

作　　　者	賴曉梅
攝　　　影	楊志雄
編　　　輯	吳孟蓉、李雯倩
美 術 設 計	劉旻旻

發 行 人	程安琪
總 策 畫	程顯灝
總 編 輯	呂增娣
主　　編	翁瑞祐
編　　輯	鄭婷尹、邱昌昊、黃馨慧
美 術 主 編	吳怡嫻
資 深 美 編	劉錦堂
美　　編	侯心苹
行 銷 總 監	呂增慧
資 深 行 銷	謝儀方
行 銷 企 劃	李承恩、程佳英

發 行 部	侯莉莉
財 務 部	許麗娟、陳美齡
印 務	許丁財
出 版 者	橘子文化事業有限公司

總 代 理	三友圖書有限公司
地　　址	106 台北市安和路 2 段 213 號 4 樓
電　　話	(02) 2377-4155
傳　　真	(02) 2377-4355
E ─ m a i l	service@sanyau.com.tw
郵 政 劃 撥	05844889 三友圖書有限公司

總 經 銷	大和書報圖書股份有限公司
地　　址	新北市新莊區五工五路 2 號
電　　話	(02) 8990-2588
傳　　真	(02) 2299-7900

製 版	興旺彩色印刷製版有限公司
印 刷	鴻海科技印刷股份有限公司

初 版	2014 年 9 月
一 版 二 刷	2016 年 10 月
定 價	新台幣 580 元
I S B N	978-986-364-028-8（平裝）

本書特別感謝：
景文科技大學餐飲管理系提供拍攝場地、
鄭羽真小姐 協助拍攝

國家圖書館出版品預行編目（CIP）資料

甜點女王：50道不失敗的甜點祕笈 / 賴曉梅
作.-- 初版.-- 臺北市：橘子文化，2014.09
面；　公分
ISBN 978-986-364-028-8(平裝)

1.點心食譜

427.16　　　　　　　　　103018096

SAN YAU
http://www.ju-zi.com.tw
三友圖書
友直 友諒 友多聞